JN005640

マルチエージェントシリーズ **A-6**

マルチエージェントのための
行動科学：実験経済学からのアプローチ

西野　成昭
花木　伸行

共著

コロナ社

刊行のことば

　21世紀に入り，人間の活動の世界規模での展開と情報通信をはじめとする技術の急速な発展普及に伴って，世界規模で人々の意識や行動の変化が，既存の社会や制度に追いつかない現象が頻発している。例えば，世界で頻発する文化的な摩擦やテロなどの事象，鳥インフルエンザなどの感染症の流行，SNSなどのネット上での人々のコミュニティ行動の理解，電子商取引の発展，金融市場の不安定性などはその例である。これらに共通する問題はつぎの3点である。（1）対象が本質的に変動し続ける性質を持ち，物理現象のような第一原理が存在しないこと，（2）対象となる現象を分析するという従来の自然科学的接近法に加えて，対象をデザインするという新しい工学的接近法が必要なこと，（3）当事者や関係者を含む複雑な意思決定という側面を持ち，対象問題を定式化することが非常に困難であること。

　このような複雑な現象の分析，設計においては，従来とは異なり，対象となるシステムが所与のものと仮定することはできない。システム全体を表す法則が，システムを構成する要素の相互作用から創発しうるからである。われわれはこのような社会的・システム的課題について「マルチエージェント」の概念を用いることで新しい方法論が構築できると信じている。マルチエージェントとは，エージェントと呼ぶ内部状態と意思決定・問題解決能力，ならびに通信機能を備えた複数の主体によるボトムアップなモデル化を試みる。そしてこのインタラクションに基づく創発的な現象やシナリオを分析しようとする。

　近年，マルチエージェントが注目されるようになった背景には，コンピュータそのものの急速な発展，オブジェクト指向などのソフトウェア開発手法の進歩，進化や学習を扱う人工知能技術の発展，分岐・相転移やカオス，自己組織化などを扱う非線形科学や複雑系科学の発展が挙げられる。そして，このよう

な理論や手法を適用するためには，コンピュータによるシミュレーションによる理解が必要になる。

　この古くて新しいシミュレーションの考え方は，対象をモデル化し数理的に扱う演繹的な方法，もしくは，データや事例分析を用いる帰納的な方法を補完する第3の科学的方法であり，複雑な事象に対するわれわれの直観の能力を高める性質を持つ。マルチエージェントの考え方は，したがって，計算機科学をはじめとする理科系の学生にとっても，経済学，社会学などを学ぶ文科系の学生にとっても，研究の道具として，また，複雑な社会現象を知るための教養として，今後，必須のものになると考えられる。

　本シリーズのねらいは，このような複雑システムの分析，設計に伴う困難を克服する手段としてのマルチエージェント理論や技術について体系付けて学ぶ機会を提供することである。本シリーズでは，全体を通じて，新しい学際的な方法としてのマルチエージェントの考え方を紹介し，それに基づいたマップを示す。本シリーズの大きな特長は，各巻において，ほかの巻の内容との関連性を明示するとともに，Web サイトを積極的に利用して，スライドやプログラムソース，シミュレーション実行例などの副教材を豊富に提供することである。このような試みはわが国においても，世界的にもはじめてである。この新たな学際領域に，みなさんを招待したいと考える。

　2017 年 5 月

編集委員長　寺野　隆雄

ま　え　が　き

　本書は実験経済学のアプローチを基に，マルチエージェントシミュレーショ
ンにおける意思決定主体の行動モデル構築に関する教科書である。対象読者は，
入門レベルのミクロ経済学やゲーム理論の知識をもつ，理工系および社会科学
系の学生（学部および大学院）を念頭に置いている。

　社会経済システムを対象とするマルチエージェントシステムを構築する際の
大きな問題の1つは，エージェントの行動モデルをどのように決定するかであ
る。社会経済システムの構成要素は人間やグループ，あるいは1つの組織体な
ど，主観的側面を多分に含む意思決定主体である。エージェントモデリングの
柔軟さゆえに，現実における人々の振舞いから着想を得て，もっともらしい行
動モデルを構築することは比較的容易ではあるが，これらの行動モデルを裏付
ける理論やデータが十分ではないため，構築された行動モデルの妥当性を科学
的な見地から示すのは難しい。そこで，近年，実験経済学の手法を用いて収集
したミクロレベルのデータに基づいて，エージェントの行動モデルの基礎づけ
を行おうという試みがなされている。また，経済実験と同じ環境のエージェン
トモデルを構築し，単純な行動モデルでどこまで実験結果が再現できるかを分
析したり，経済実験内で人間の参加者をコンピュータエージェントと対戦させ
たりすることで，経済実験の結果をより深く理解しようとする試みも盛んであ
る。本書では，経済学的な研究を中心にこれらの試みの一部を紹介することを
通じて，より広く社会科学研究における，経済実験とマルチエージェントシミュ
レーションの生産的な融合の可能性をご覧にいれたい。

　ところで，昨今，理工系と社会科学系の研究の融合が叫ばれているが，現状
のところ，日本では寄せ集め主義的にそれぞれの研究者を集めただけで，真の
融合が進んでいるとは言い難い状況にある。例えば，経済学とコンピュータサ

イエンスという観点でいえば，米国はマーケットデザイン分野では両者が上手
く結びつき，マッチングなどのアルゴリズムが実社会へ応用されるなど，顕著
な成果をあげている。残念ながら，日本でそのような両者の融合の成功事例を
聞くことは少ない。筆者の1人の西野は，理工系をバックグラウンドに社会科
学系へ研究を展開している研究者であり，もう1人の筆者の花木は，逆に社会
科学系のバックグラウンドをベースに理工系のアプローチを積極的に採用する
研究者である。本書は，そのように真に文理融合を実践している筆者による教
科書であることも特徴である。

　理工系と社会科学系の融合を願う理由の1つは，社会経済を対象としたマル
チエージェントシミュレーション技術が社会へ実応用されることを心から期待
しているからである。一般に，理工系の研究は実産業と結びつくことも多く，
産学連携などの共同研究が広く進み，学術研究が産業へ応用されるケースが散
見される。一方で，経済学などの社会科学系は，研究対象が社会や経済である
にも関わらず，企業との共同研究などの事例はそれほど多くない。そのため，
産学連携においては，技術の機能性だけがフォーカスされ，経済学的な観点か
らその技術の社会での価値を考えることはほとんどない。一方で，そのような
新技術の実社会応用の問題を，経済学者が理論モデルを立てて，きっちり分析
するには，どれだけ早くとも1年以上の歳月を要する。産業界はそんなに待っ
てはくれない。両者を同時に成立させるためには，タイムリーに短時間で社会
経済システムを分析できるツールが必要不可欠なのである。マルチエージェ
ントシミュレーションはそこへ貢献できると期待する。同様の観点からシミュ
レーションの必要性が，A. Roth による "The economist as engineer: Game
theory, experimentation, and computation as tools for design economics",
Econometrica, Vol.70, No.4, pp.1341-1378, 2002 の論文でも指摘されている。
この点で，本書が少しでも貢献できれば幸いである。

　また，本書では，エージェントシミュレーションを構築したことのない読者や
経済実験を体験したり準備したことがない読者を対象に，実際に NetLogo を用
いたエージェントシミュレーションのプログラミングや，経済実験用の汎用的

なソフトウェアである z-Tree を用いて，だれでも経済実験ができるように配慮している。特に，その性質上，一部の章では演習ベースのスタイルで学べるように配慮した内容構成になっている。なお，本書で扱うプログラムは，コロナ社の書籍紹介ページ†で，本文中で用いられているスライドとともにダウンロード可能である。

　本書で紹介した内容を基礎として，興味をもった読者諸君が自分自身でもエージェントシミュレーションを構築したり，経済実験をデザインしたりしてもらえればと願っている。さらには，本書がきっかけとなり，理工系のエージェント分野の研究者が社会科学系を志向したり，反対に，経済学などの社会科学系の研究者がエージェント研究に参入したりするなど，両分野の融合が進むことを心より期待している。そのような文理融合型研究者が育って欲しいと心より願っている。

　最後に，本書執筆のきっかけを与えてくださった寺野隆雄先生と和泉潔先生には，この場をかりて心より感謝申し上げたい。また，コロナ社には，原稿が遅れても常に暖かい言葉を掛けてくださり，執筆の励みになった。お詫びと共に感謝申し上げる。早稲田大学の石川竜一郎氏と山口大学の山田隆志氏からは，本書の原稿に貴重なコメントをいただいた。この場をかりてお礼を申し上げたい。また，いつも影で支えてくれた家族に心より感謝したい。

2021 年 2 月

西野成昭，花木伸行

---

† 下記の書籍詳細ページ内の「関連資料」から各資料を確認できます。
https://www.coronasha.co.jp/np/isbn/9784339028164/

目　　　次

1章　は　じ　め　に

2章　市場実験を体験してみよう

6章　ゲームの経済実験に参加しよう 1：美人投票ゲーム

7章　ゲームの経済実験に参加しよう 2：公共財ゲーム

8章　ゲーム環境下でのエージェントシミュレーション

1章 はじめに

◆本章のテーマ

本章では，導入部分として，マルチエージェントにおける行動モデル構築の困難さと，その解決策としての人間を使った実験経済学のアプローチとマルチエージェントの統合の可能性について述べる。本章の最後に本書のねらいを説明する。

◆本章の構成（キーワード）

1.1 社会経済システムと創発

計算論的創発，物理的自己組織化，モデル関係論的創発

1.2 行動モデルを裏付ける理論の不足

KISS 原理，実データ応用，社会科学

1.3 行動モデルとして見る経済理論

意思決定，選好関係，効用関数

1.4 経済学における経済人の仮定

合理性，効用最大化，合理性への批判

1.5 実験経済学の発展

経済実験，統制された実験室

1.6 マルチエージェントと実験経済学の融合による新たな社会科学の可能性

経済人の仮定への疑問

1.7 本書のねらい

市場の分析，ゲーム状況下の分析，z-Tree，NetLogo

◆本章を学ぶと以下の内容をマスターできます

☞ 創発の概念についての理解

☞ マルチエージェントにおける行動モデルの問題とその対処

☞ 経済学における意思決定の基礎と経済人の仮定の考え方

1.1　社会経済システムと創発

　社会経済システムを対象とするマルチエージェント研究は，古くから盛んに行われてきている。スライド **1.1** に示しているとおり，歴史的には Schelling (1969, 1971)[†]による分居モデルがその起源としてみなされることが多く，その後も多くのマルチエージェントのアプローチはさまざまな社会現象に応用されてきている。最近では，金融市場への応用や交通シミュレーションなど，幅広い展開をみせている。

　現実の社会経済システムは，自律的な意思決定を行う主体によって形成されており，それらの相互作用によってボトムアップ的に社会全体が形成される。すなわち，そこには**創発**の性質が根源的にある。創発をコア概念とするマルチエージェントと相性がよいため，社会経済システム研究によく適用される。

マルチエージェントシステムの
社会経済システムへの展開

- 分居モデル（Schelling, 1969, 1971）
  - 単純な行動ルールで棲み分けが生じることを示す。
- 国際勢力のモデル（Bremer and Mihalka, 1977）
  - 国際政治における98カ国の勢力均衡を分析
- 囚人のジレンマゲームの戦略コンテスト
  （Axelrod, 1980a, 1980b）
  - 戦略プログラムを募集し，対戦させて勝者を決める。
- SugarScape（Epstein and Axtell, 1996）
  - アリのようなエージェントと食料としての砂糖を構成要素とし，コンピュータ上で人工的な社会を表現

スライド **1.1**　マルチエージェントシステムの社会経済システムへの展開

[†]　引用・参考文献の一覧は，巻末にアルファベット・五十音順に掲載している。

スライド **1.2** に創発の概念を示す。上田 (2007) によれば，創発は以下のように定義される：

> 要素間の局所的な相互作用により大域的挙動が現れ，その大域的挙動が要素の振舞いを拘束するという双方向の動的過程を通して，新しい機能形成や形質，行動を示す秩序が形成されること。

また，学術的な創発の議論は，以下のように大きく 3 つの源流に分類することができる (上田, 2007)。

1. **計算論的創発**：明示的な局所的相互作用から大域的秩序が形成すること。例えば，Langton (1989) の人工生命に対する定義で用いられている概念。

2. **物理的自己組織化**：物理化学系の非平衡状態で自己組織化により安定した大域的構造が生成すること。例えば，Prigogine (1980) の散逸構造。

3. **モデル関係論的創発**：観察主体のモデルから観察対象系の挙動が逸脱していることを意味し，観察の主客の関係の変化も含んだ，意味論的，哲

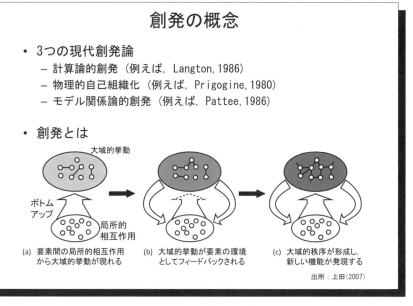

スライド **1.2** 創発の概念

学的概念 (Pattee, 1989)。

マルチエージェントは 1 つ目の計算論的創発の流れを汲んでいる。その後，分散人工知能研究などの流れとも結合し，現在に至っている。

1.2　行動モデルを裏付ける理論の不足

社会経済システムを対象とするマルチエージェントシステムを構築する際の大きな問題の 1 つは，エージェントの行動モデルをどのように決定するかである。社会経済システムの場合，その構成要素は人間やグループ，あるいは 1 つの組織体など，主観的側面を多分に含む意思決定主体である。

エージェントモデリングの柔軟さゆえに，現実における人々の振舞いから着想を得て，さまざまな行動モデルを構築することは比較的容易ではある。しかし，これらの行動モデルを裏付ける理論やデータが十分ではなかったため，構築された行動モデルの妥当性を科学的な見地から示すのは難しかった。

この問題への対処方法としては，以下のように 3 つのタイプのアプローチが挙げられる。

1. **KISS（keep it simple stupid）原理に従う**：

    できるだけシンプルにするという基本的な原理である。単純な行動からどのような振舞いが得られるか観察し，そのプロセスを理解することに主眼を置くことで，ひとまずは行動モデルの妥当性の問題からは解放される。

2. **実データの利用**：

    現実における実際の人々の行動データから，機械学習やデータマイニング手法を使って，行動ルールを抽出する。近年は大量の行動ログデータを容易に取得可能になっており，ビッグデータから得られる実際の人々の振舞いから導き出される行動モデルは，ある一定の妥当性が担保できる。

3. **社会科学の知見の応用**：

    社会科学は実際の人間からなる社会を対象とした学問分野であり，こ

れまでに多くの蓄積がある。そのなかでも，経済学は近代科学としての地位を確立し，数理的なモデルをベースに経済理論が構築されている。それらを利用すれば，経済理論的な観点からの妥当性は保証される。

もちろん，対処方法はこれらに限るわけではなく，上記は基本的な分類である。1つ目のKISS原理はきわめて有効であるが，現在の複雑化する社会において，そのようなシンプルなモデルで社会のメカニズムをどこまで解明できるかは定かではない。例えば，**KIDS** (keep it descriptive and simple) (Edmonds and Moss, 2005) などにも代表されるように，KISS原理を超えた方法論も求められている (寺野, 2003)。2つ目の行動ログデータの利用については，近年さまざまな分野で盛んに行われているがマルチエージェントへの応用はまだそれほど多くなく，その発展を待ちたい。本書は，3つ目の社会科学，特に経済学を背景とした考え方を採用し，エージェントのための行動科学としての基礎的な理論や方法などを取りまとめる。

1.3 行動モデルとして見る経済理論

経済学はアダム・スミス (Adam Smith, 1723–1790) をその始祖とし，これまでに200年以上の蓄積がある。現在の近代経済学と呼ばれるまでの歴史的な歩みについては割愛するが，数学的に明確に定式化された理論体系が構築されてきている。**スライド1.3**と**スライド1.4**に，経済学の根底にある，消費者がどのように財やサービスを選択するかという選択意思決定についてまとめている。基本的な考え方は，人々が持つ好みを**選好**という概念を用い，それを二項関係の1つとして数学的に定義する。そして，人々の選択の行動は，**反射性，推移性，完備性**の3つの性質を満たす**選好関係**を用いて**選択関数**として記述される。まず，反射性は，同じ選択肢である x どうしを比較することが可能であることを示す。つぎの推移性は，3つの選択肢，x, y, z に関して，x が y よりも好まれ，y が z よりも好まれるのであれば，x は z よりも好まれるという性質である。最後に，完備性は，2つの選択肢 x と y に関して，x が y よりも好ま

経済学における意思決定の基礎 1

- 選択問題として定式化
  - すべての選択肢の集合：X
  - 選択可能な集合：$A \subseteq X$
  - 選択関数 $c: 2^X \setminus \{\varnothing\} \to 2^X \setminus \{\varnothing\}$
    ただし，すべての $A \subseteq X$ に対し $c(A) \subseteq A$
- 選好
  - 人々が持つ好みを表現するものとして選好を考える。
  - 集合 X 上の二項関係 R について，以下の性質を持つもの
    を選好関係という。
    - 反射性：$\forall x \in X \quad xRx$
    - 推移性：$\forall x, y, z \in X \quad xRy \wedge yRz \Rightarrow xRz$
    - 完備性：$\forall x, y \in X \quad xRy \vee yRx$

    一般的には，$x \succsim y$ のように $\succsim$ を使って表す。

スライド **1.3** 経済学における意思決定の基礎 1

経済学における意思決定の基礎 2

- 効用関数
  - 選好関係は，集合 X 上の任意の2つの元について，どちらが好
    ましいかを序数として表現したもの
  - 効用関数は選好関係を $U: X \to \mathbb{R}$ の写像として表現したもの

$$x \succsim y \Leftrightarrow U(x) \geq U(y) \qquad \forall x, y \in X$$

- 選択関数
  - 選択可能な集合 $A \subseteq X$ から選好関係 $\succsim$ に基づいて選択の意思
    決定が行われるとき，そのときの選択関数 $c_\succsim$ は以下のように
    表される：
    $$c_\succsim(A) = \{x \in A \mid x \succsim y \quad \forall y \in A\} \quad (\forall A \in 2^X \setminus \{\varnothing\})$$

スライド **1.4** 経済学における意思決定の基礎 2

れるか，y が x よりも好まれるのかのどちらかであることをいう。また，**効用関数**表現も用いられるが，効用関数は単に序数的な選好関係を表すものにすぎず，その絶対値自体は意味をなさないことに注意しなければならない。

　効用関数を予算などの制約のもとで最大化するように消費者が行動するというのが経済学の基本となる消費行動のモデルであるが，その根幹には人々が主観的に持つ好み（選好）があることに注意が必要であろう。すなわち経済学では，人々が持つ主観的な部分を，客観的に表現可能な選好関係として定義することに成功しているのである。現在の新古典派経済学は，この基本的な考え方の上に成り立っているものである。

1.4　経済学における経済人の仮定

　前節で示したように，いったん効用関数が定義されれば，経済理論の世界では，効用関数を最大化するように行動主体は合理的に振る舞うという行動モデルを考える。判断が難しい複雑な状況下であっても，瞬時に効用を最大化する合理的な選択をすることができるというわけである。つまり，人間離れした無限の情報処理能力（情報収集能力，そして，それらを処理する能力）を持った意思決定主体（**経済人**：homo-economicus）を仮定する。確かに，このような合理的に振る舞う経済人としての行動モデルは，マルチエージェントに応用可能である。しかし，経済学においても，「そもそも経済人の仮定が妥当なのか？」という問題提起がなされることも少なくない。

　これまでの経済人の仮定に対する批判について，いくつかの例を**スライド1.5**に示す。例えば，有名な数学者のアンリ・ポアンカレ（Henry Poincaré）は，近代数理経済学の父であるレオン・ワルラス（Léon Walras）への手紙[†]の中で，

[†]　"Vous regardez les hommes comme infiniment égoïstes et infiniment clairvoyants. La première hypothèse peut être admise dans une première approximation, mais la deuxième nécessiterait peut-être quelques réserves" (Letter from Poincaré to Walras, 30 September, 1901 (Jaffé, 1965, pp. 164-165), なお，日本語訳はスライド1.5 を参照。

経済人の仮定に対する批判

> 人間離れした無限の情報処理能力を持った意思決定主体のことを経済人（homo-economicus）と呼ぶ。

- 経済学者のレオン・ワルラスに対して，数学者のアンリ・ポアンカレは，「君は人間を限りなく利己的で，限りなく先見の明があると考えているようです。最初の仮説は，第一次近似として受けいれることは可能ですが，2つ目は，多少の留保が必要でしょう。」という内容の手紙を送っている。

- ハーバート・サイモンは，組織における意思決定に関して考察し，組織論を超えて，広く経済学全般でも限定合理的な意思決定主体を考慮することの重要性を主張していた（Simon, 1955）。

スライド 1.5　経済人の仮定に対する批判

かなり早い段階から経済人についての批判が述べられている。また，ハーバート・サイモン[†1]は社会経済現象を理解するに当たって，より限定合理的な意思決定主体を考えることの重要性を説いている (Simon, 1955)。

　一方で，経済人のような合理的な意思決定主体の仮定であっても問題ないとする主張も存在する。スライド 1.6 に示すとおり，ゲーリー・ベッカー[†2](Becker, 1962) は市場の分析をする際には，合理的な主体の仮定でも大きな問題は生じないことを主張し，また，2 章で紹介するバーノン・スミス[†3]らによる実際の人間を使った市場実験は，実験市場が効率的な配分を達成することを示している。これらの分析に基づけば，市場取引を通じた資源配分を考察するのであれば，経済人の仮定をおいて分析を行うことにそれほど大きな問題はないことがうかがえる。

[†1]　1978 年，ノーベル経済学賞受賞。1916–
[†2]　1992 年，ノーベル経済学賞受賞。1930–2014
[†3]　2002 年，ノーベル経済学賞受賞。1927–

経済人の仮定に対する支持

- ベッカー(1962)は，価格制約下でランダムな消費行動をする消費者を仮定したうえで，これらの消費者の行動が集計された結果として出てくる市場での需要は，価格が上がれば需要量が低下するという「需要の法則」を満たすことを示し，「個々の家計（消費者）は合理的ではないかもしれないが，市場は合理的である」と主張。よって，市場の分析をする際に，合理的な主体を仮定した分析でもそれほど大きな間違いは生じないのではないかと主張する。

- また，バーノン・スミスらは，実際の人間が参加する仮想市場実験（2章に詳しく紹介する）を通じて，被験者が数回の繰返しの間に，理論的に予測される市場均衡価格と取引量に非常に近い状況を達成し，達成可能な取引による利益のほぼ100%を生み出すことを示した。

スライド **1.6**　経済人の仮定に対する支持

　こういう流れの中で，サイモンらのアプローチはあまり発展しなかった[†1]。逆に，20世紀後半の理論経済学では，さらに強い合理性の仮定が置かれていくことになる。マクロ経済学では「合理的期待革命」（ルーカス[†2]やサージェント[†3]）が起こり，金融理論では，ファーマ[†4]らの効率的市場仮説に基づいた分析がその中心を占め，ゲーム理論では合理性の共有知識[†5]を仮定した均衡概念とそれらに基づく分析が盛んに行われた。共有知識の仮定とは，すべての意思決定主体は経済人であるだけではなく，「すべての主体が他のすべての主体も経済人であることを知っている。さらに，すべての主体がそうであることを知っているということを知っている。さらに，すべての・・・（と無限に続く）」というも

[†1]　それでも，このアプローチがまったく注目されなかったわけではない。例えば，Conlisk (1996) のサーベイを参照。

[†2]　1995 年，ノーベル経済学賞受賞。1937–

[†3]　2011 年，ノーベル経済学賞受賞。1943–

[†4]　2013 年，ノーベル経済学賞受賞。1939–

[†5]　2005 年にノーベル経済学賞を受賞したオーマン (1930–) が定式化した。

のである。このように非常に強い仮定が置かれるようになったのである。

　これら経済学が設ける強い合理性の仮定に対して多くの批判がある一方で，経済人の仮定，合理的期待仮説，効率的市場仮説，合理性の共有知識といったものは結局のところは理論的分析のための1つの方便であり，2章で紹介するスミスの市場実験の結果が示すように，これらの仮説に基づいた理論的分析から得ることのできる理解がそれほど間違ったものでなければ，これらの仮定を設けた分析自体に問題ないのではないかという主張も可能である。これらの議論は，古くから依然として続く，いまだ解決していない深い問題である。

1.5　実験経済学の発展

　実験経済学は，実験室に仮想的な経済環境を構築し，実際の人間を被験者として，統制された環境下での意思決定を観察し分析する。実験を通じて観察される人間の振舞いと，経済理論が示す行動とを比較し，その一致や乖離のメカニズムを明らかにすることを目的とした経済学の一分野である。実験経済学が用いる経済実験の方法論など，詳細については10章で述べるが，これまで経済学は非実験科学といわれ，天文学と同様に現実を観察するだけで満足しなければいけなかった。しかしながら，現在では伝統的な物理科学分野などと同様に，統制された環境での実験ができるようになったのである。

　スミスの市場実験については前節で少し触れたが，これまでにさまざまな実験研究がなされてきており，その結果の一部は，経済理論で頻繁に使用される仮定に疑問を投げかけるものがある。例えば，6章で取り扱う美人投票ゲーム (Nagel, 1995) の経済実験では，合理性の共有知識を仮定した均衡概念から予測されるような行動を，実際の人間は少なくとも最初は取らないことが確認されている。加えて，5章で一部紹介する Hommes et al. (2005), Heemeijer et al. (2009), Bao et al. (2012) らの価格予測実験では，実験の設定しだいで，実験参加者の価格予測が，合理的期待均衡のもとで予測される価格に非常に短期間で収束するケースもあれば，そのような価格への収束ではなく，波をうつよう

な価格の動きに収束するようなケースも観察されることを報告している。これらの実験結果が示すのは，経済人の仮定や合理性の共有知識を仮定した理論では，状況によっては，実験で観察される現象を十分に説明できないということである。

1.6 **マルチエージェントと実験経済学の融合による**
新たな社会科学の可能性

実験室での経済実験は，さまざまな要素を統制し，理論モデルが想定する状況に限りなく近い仮想経済環境のもとで実施される。実際の人間が被験者として意思決定を行うため，合理性の仮定については理論モデルと異なるが，それ以外については，理論モデルが仮定する条件を再現した形で設定されているはずである。前節までに見てきた，経済人の仮定についての疑問を投げかける実験結果は，理論モデルにとって理想的な環境下にもかかわらず実験結果を正しく説明できないような状況が存在することを意味し，理論モデルの予測に基づき実際の経済などへの政策的介入を行っても，はたして理論どおり正しく機能するのか，という疑問を生じさせる。

2007 年以降の金融危機渦中にヨーロッパ中央銀行の総裁であったトリシェットが，2010 年の欧州中央銀行学会での講演で，合理的期待仮説に基づいたマクロ経済学や効率的市場仮説に基づく金融理論が，金融危機中の政策決定に際して，ほとんど役に立たなかったと述べており (Trichet, 2011)，既存の標準的な経済理論の限界を示唆した。さらに，この講演の中で，政策決定者はより良い政策的判断のために，複数のパラダイムからのインプットが必要だと述べ，特に，行動経済学やマルチエージェントシミュレーションといった別のアプローチからの知見も政策に反映させるようになればよいのではないかと提案している。

行動経済学・実験経済学は，社会を構成する人間がどのように意思決定をするのか，どのように将来に対する予測をし，それを変化させるのかといったデータを集めることを可能にする。そして，それらから得られた知見に基づいて，「経

済人」を超えた，より現実的な個々の主体の行動をモデル化することができる（**スライド1.7**）。加えて，マルチエージェントシミュレーションでは，このようにモデル化された，より現実的な，かつ，異質な主体を容易に組み込むことができ，それらの相互作用によってどのようにボトムアップ的にマクロな動きが形成されるか，そのダイナミクスを詳細に分析できる。

　また，KISS原理に基づいたマルチエージェントと経済実験をうまく組み合わせることで，観察される現象が人間の行動にどの程度起因するもので，どの程度が制度的な要因によって生じるものなのかを切り分けることもできる。例えば，3章で紹介するGode and Sunder (1993) は，先述のスミスが行った市場実験と同様の環境で，まったく知能がなく，Becker (1962) の分析のように価格制約下でランダムに行動するエージェント（ゼロ知能エージェント）を仮定したモデル分析を行い，価格制約という市場が与える制約が，市場均衡価格の発見を容易にしていることを示した。これは，マルチエージェントと実験経

マルチエージェントと実験経済学の融合の可能性

- 実験室の結果でも，標準的な経済理論で説明できない場合がある。
  - 例えば，美人投票ゲームなど
- 元ヨーロッパ中央銀行総裁のトリシェットが，金融危機中の政策に対して，金融理論が役に立たなかったと述べた。
  - 複数パラダイムからのインプットの必要性
  - マルチエージェントの方法論についても言及

__既存の標準的な経済理論のみによる政策決定では不十分である__

- マルチエージェントは「経済人」を超えたモデル化が可能
- 経済実験による行動データからマルチエージェントの行動モデルを抽出するという融合的な方法も可能

スライド1.7　マルチエージェントと実験経済学の融合の可能性

済学の融合の 1 つの好例である。

　本書では，おもに経済学的な見地からのマルチエージェントと経済実験の融合について議論するが，おそらく他の社会科学分野にも将来的には応用は可能であると考えられる。例えば，政治学における交渉問題や，社会学が対象とする社会ネットワークの形成などの問題には，ゲーム理論的な考え方は応用可能である。しかし，合理性の共有知識の問題など，依然として解決すべき課題は山積であり，本書のアプローチが広く展開することで，新しい社会科学を切りひらく可能性が期待される。

1.7　本書のねらい

　本書は，上記のような観点から，経済実験とマルチエージェントシミュレーションとの有機的な結びつきに注目した入門書である。本書で扱うマルチエージェントシミュレーションの一部は，NetLogo (Wilensky, 1999) を用いて実際にプログラミングの解説を行う。NetLogo とは，マルチエージェントの考え方を背景に開発されたマルチエージェントプログラミング統合環境であり，プログラミングからシミュレーションの実行まで NetLogo 上で行うことができる。1999 年に Uri Wilensky によって作成され，現在も継続してノースウェスタン大学の Center for Connected Learning and Computer-Based Modeling で開発が続けられている。少しのプログラミングの知識があれば，だれでも比較的容易にマルチエージェントシミュレーションを作成することができる。

　また，一部の経済実験に関しても，実験で使用するソフトウェアを z-Tree (Fischbacher, 2007) を用いて作成し，そのソースコードはオンラインで配布し，読者が利用できるようにしている†。z-Tree とは，経済実験を行うための汎用的

---

　†　ただし，z-Tree の最新バージョンでは，プログラム作成画面で日本語が文字化けを起こすことが確認されており，注意が必要である。実験を実行する際は問題なく日本語が正しく表示されるが，プログラムの作成時は少し不便である。バージョン 3.3.12 以下の旧バージョンであれば日本語も問題なく表示されるため，気になる場合は旧バージョンを利用するとよい。

ソフトウェアであり，現在は世界中の研究者によって利用されている。z-Tree
上でプログラミングを行うことができ，z-Leaf と呼ばれるクライアント側のソ
フトウェアを被験者用 PC にインストールすれば，z-Tree をサーバーとして実
験の実施が可能となる。z-Tree の開発者は Urs Fischbacher であり，1995 年
から開発がスタートし，最初のバージョンをリリースしたのが 1998 年である。
チューリッヒ大学を中心に現在も開発が継続して行われている。プログラミン
グ初心者にもわかりやすいインタフェースで，さまざまなタイプの経済実験が
自由にプログラミングでき，ネットワークでつながったコンピュータを介して，
容易に実験を実施することができる。

　本書の内容は，大きく分けて「価格を介した相互作用の場である市場分析」と
「価格を介さない直接的な相互作用の場であるゲーム理論的な状況の分析」の観
点で章が構成されている。また，実際に読者自身がマルチエージェントシミュ
レーションのプログラミングの作成や，被験者を集めて経済実験ができるよう
に配慮し，そのような体験型の教材として利用してもらうことが本書のねらい
である†。

---

†　NetLogo, z-Tree ともに，ソースコードはコロナ社の下記 Web サイトにて公開する。
https://www.coronasha.co.jp/np/isbn/9784339028164/

2章 市場実験を体験してみよう

◆本章のテーマ

　本章では，実験経済学でよく行われているダブルオークションなどの市場実験について，実際に参加者として体験する参加型の形式で学ぶ。実際に本書を使って講義などを行う場合には，学生が実験を体験し，結果を集計し，実際の体験を通じて市場における意思決定について理解を深めることが可能である。それ以外でも，複数人のグループで経済実験ができる環境があれば，本章の内容にそった体験型の学習が可能である。

◆本章の構成（キーワード）

2.1　はじめに
2.2　実験内容の説明
　　　　ダブルオークション
2.3　実験結果の集計
　　　　収集すべきデータ
2.4　市場均衡
　　　　需要関数，供給関数，市場均衡，負の外部性，市場の失敗，ピグー税
2.5　発展的な実験
　　　　正の外部性

◆本章を学ぶと以下の内容をマスターできます

☞　市場均衡分析の枠組み
☞　ダブルオークション市場の仕組み
☞　外部性と市場の失敗

2.1　は じ め に

　本章では市場実験を取り扱う。市場実験とは，売り手や買い手などの市場参加者が，なんらかの市場メカニズムを通じて，仮想的な財を取引するタイプの実験のことをいう。具体的には，Bergstrom and Miller (1999) の 3 章および 6 章に紹介されている Smith (1962) らの実験を簡単にした教室で実施可能な市場実験を紹介する。この実験では，参加者には，ある仮想的な財の売り手か買い手の役割が与えられる。この状況下で，参加者は設定の異なる 3 種類の実験に参加する。なお，本章の実験は，経済実験用のソフトウェアである z-Tree (Fischbacher, 2007)†を用いた実験として説明を行うが，紙と鉛筆，黒板などを用いて，教室で簡単に実験することも可能である。

2.2　実験内容の説明

2.2.1　実験 1：ダブルオークション

　実験は 12 人を 1 グループとして行われる。実験が開始されると，参加者にはそれぞれ売り手か買い手の役割が与えられる。買い手はスライド **2.1**，売り手はスライド **2.2** のように，それぞれ役割に応じて異なる画面が表示される。買い手の役割は以下のとおりである。

- この市場を通じて 1 つの財のみを購入できる。
- 「財の価値」の値が画面に示される。なお，その値は参加者ごとに異なる。
- 取引方法の仕方：
  - 買いたい価格で買い注文を出す。
  - 市場に出ている売り注文に応じる。

ここでの財の価値とは，この財を得ることで生じる便益のようなものであると考えるとよい。なお，買い注文を出しても売り手が誰もその注文に応じなけれ

---

†　z-Tree の使い方，プログラミングの仕方などは，コロナ社の Web サイトで公開されている付録を参照。

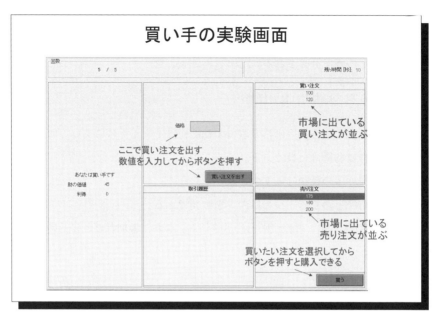

スライド 2.1 買い手の実験画面

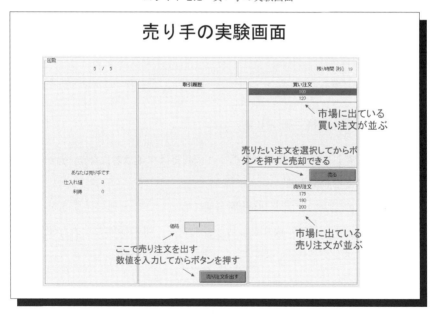

スライド 2.2 売り手の実験画面

ば取引は成立しない。一方，売り注文に応じた場合にはその瞬間に取引が成立する。

利得は以下の式で計算される。

$$利得 = 財の価値 - 取引価格 \tag{2.1}$$

もしも財の価値よりも高い価格で取引すれば利得はマイナスになり，何も買わなかった場合は利得はゼロである。

同様に，売り手の役割は以下のとおりである。

- この市場を通じて1つの財のみを販売できる。
- 「財の仕入れ値」の値が画面に示される。なお，参加者ごとにその値は異なる。
- 取引方法の仕方：
    - 売りたい価格で売り注文を出す。
    - 市場に出ている買い注文に応じる。

なお，買い手の場合と同様に，売り注文を出しても誰もその注文に応じなければ取引は成立しない。一方，買い注文に応じた場合には，その瞬間に取引が成立する。

利得は以下の式で計算される。

$$利得 = 取引価格 - 仕入れ値 \tag{2.2}$$

もしも仕入れ値よりも低い価格で取引すれば利得はマイナスになり，売れなかった場合は利得はゼロである。

参加者はこの売買の取引を90秒間の間に行う。この一連の手続きを1ラウンドとし，5ラウンドまで繰り返し行う。ただし，財の価値と仕入れ値はラウンドごとに毎回変更される。それでは，実際に実験を体験してみよう。

2.2.2　実験2：負の外部性が働く場合

2つ目の実験では，負の外部性が働く市場を考える。**外部性**とは，ある経済主

体の行動が，市場機構を通さずに，他の経済主体の効用や利益などに影響を及ぼすことをいう。その影響がプラスの場合を正の外部性，マイナスの場合を負の外部性という。公害などが負の外部性の典型的な例である。

実験 2 では，取引ごとに汚染物質が発生するものとし，その社会的な追加費用を市場参加者全員で均等に負担するものと仮定する。すなわち，1 単位の財が取引されるたびに 20 の社会的費用が発生し，この社会的費用はラウンドが終了した際に，取引したかに関係なく，実験に参加している全員で平等に負担する。

あるラウンド中に全部で x 単位の財が取引されたとすると，そのラウンド終了後に個々の参加者の受け取る最終利得は

$$\text{取引を通じて獲得した利得} - \frac{20x}{\text{参加者の人数}} \tag{2.3}$$

となる。この場合，ある参加者が取引を通じて獲得した利得がゼロであった場合（例えば取引をしなかった場合）は，他の参加者による取引によって生じる追加費用の負担のために，最終利得がマイナスになることになる。

それでは，実験 2 を体験してみよう。

2.2.3 実験 3：ピグー税

この実験では，実験 2 の設定に加えて，取引を行った売り手が，20 の税金を実験者[†]に支払う義務を負う。このように，負の外部性が働くような状況下で，それを是正するために導入される税のことを，イギリスの経済学者の名前にちなんで**ピグー税**と呼ばれる。そのような税制などの導入によって，負の外部性を市場に内部化し，社会的厚生を最大化することができる。

実験 3 では，取引を行うことで各参加者が獲得できる利得（総取引量に応じて全員が平等に負担する社会的コストを除く）は以下のとおりである。

$$\text{買い手の利得} = \text{財の価値} - \text{取引価格} \tag{2.4}$$

[†] 本書では実験を主宰している人のことを実験者と呼ぶ。

$$\text{売り手の利得} = \text{取引価格} - \text{財の仕入れ値} - 20 \tag{2.5}$$

また，売り手から実験者に支払われた 20 の税金は，ラウンド終了時に，すべての参加者に平等に分配されることとする。よって，かりに全部で x 単位の財が取引されたとすると，個々の参加者の受け取る最終利得は以下となる。

$$\text{最終利得} = \text{取引で獲得した利得} - \frac{20x}{\text{参加者の人数}} + \frac{\text{総税収入}}{\text{参加者の人数}} \tag{2.6}$$

それでは，実験 3 についても，体験してみよう。

2.3 　実験結果の集計

実験終了後，つぎの市場均衡の理論的な分析と対比するために，各実験ごとに，それぞれのラウンドに関して，取引量，取引価格，それぞれの参加者の獲得した利得の合計を集計しよう。なお，利得については，売り手と買い手に分けておくと次節以降で述べる余剰の比較をする際に都合がよい。

まず，実験終了直後に簡単にグラフ化し，ここで全体的な結果の概略をつかむとよいだろう。なお，次節の理論分析では，実験結果の例として，東京大学大学院工学系研究科の講義において実施した，実験 1〜3 の実験結果を用いて議論を進める。実際に講義などを行う場合には，直前に行った実験結果を使いながら，次節の内容について議論するとよい。

2.4 　市　場　均　衡

2.4.1 需要関数と供給関数

実験 1 の設定での需要関数と供給関数を求めよう。ここで，**需要関数**とは価格と需要量の対応関係を表すものであり，**供給関数**とは価格と供給量の対応関係を表すものである。需要量は買い手の行動によって決まり，供給量は売り手

の行動によって決まる。それぞれの行動は，価格と買い手にとっての財の価値，または，価格と売り手にとっての財の仕入れ値の大小関係で決まる。**スライド 2.3** の左側の表が，今回の実験の買い手と売り手の価値と仕入れ値の内訳とそれぞれの人数である。

　買い手から見てみよう。ある価格で財を購入することで最も高い価値を得られる買い手は，財の価値が 45 の買い手である。損をするような取引をしなければ，買い手が取引しうる最高価格は 45 ということになる。価格が 45 を上回る場合は，だれも財を購入しようとしないので，需要量はゼロとなる。価格が 45 未満であれば，財の価値が 45 の買い手は，取引をするほうが，取引をまったくしないよりも高い利得が得られるので，1 単位の財を購入しようとするだろう。よって，価格が 45 未満となると，需要量が，財の価値が 45 の買い手の人数と等しくなる。価格が 45 のときは，これらの買い手にとっては，取引をしてもしなくても利得は同じであるので，取引をする買い手がいるかもしれない

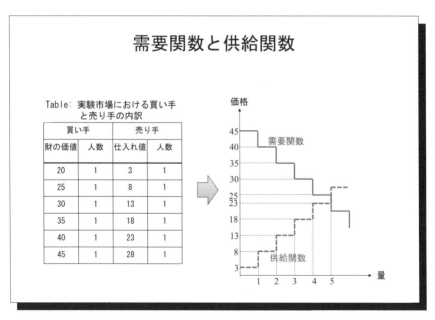

スライド **2.3**　需要関数と供給関数

し，いないかもしれない。よって，需要量はゼロから財の価値 45 の買い手の人数の間のどれかになるだろう。これから，価格を少しずつ下げていって，他の買い手の行動がどのように変化していくかを追って見ることにしよう。

　財の価値が 45 の買い手のつぎに，取引から高い利得を得られるのは，財の価値が 40 の買い手である。しかし，この買い手は，価格が 40 未満でしか購入しない。価格が 40 未満になれば，財の価値が 45 の買い手に加えて，財の価値が 40 の買い手も財を購入するようになるので，需要量はこれら 2 種類の買い手の合計人数と等しくなる。以下，価格が 35 未満，30 未満，25 未満，20 未満となる際に，それぞれ，財の価値が 35 の買い手，30 の買い手，25 の買い手，20 の買い手の人数が需要量に追加されていくため，需要関数は，スライド 2.3 の右側の実線で示す右下がりの階段状のものとなる。多くの理論分析では，買い手の人数が多く，かつ，それぞれの買い手にとっての財の価値がより細かく異なるような市場を仮定している場合が多いので，需要関数は今回の実験市場のような階段状のものではなく，右下がりの直線，または曲線で示すことが多い。

　では，売り手のほうはどうだろうか。今回は，価格がゼロのケースから始めて，少しずつ価格を上げていくことで売り手の行動がどのように変化していくかを見てみよう。損をする取引をしなければ，売り手が財を売却する最低の価格は，売り手の中での最低の仕入値である 3 ということになる。

　価格が 3 未満のときは，だれも財を売却しないので，供給量はゼロである。価格が 3 を上回ると，少なくとも仕入れ値が 3 の売り手は，取引をしたほうが，取引をしないよりも利得が高くなるので，手持ちの財を売却するだろう。よって，この価格での供給量は，少なくとも仕入れ値 3 の売り手の人数と一致する。さらに価格を上げていくと，つぎに低い仕入れ値が 8 の売り手が現れる。価格が 8 を上回ると，これらの売り手も取引をした方が，しない方よりも利得が高くなるので，財を売却する。よって，この価格での供給量は，仕入れ値が 3 と 8 の売り手の人数の合計となる。同様にして，価格が 13，18，23，28 を上回ると，それぞれ，仕入れ値が 13，18，23，28 の売り手もそれぞれの財を売却しようとするので，それらの人数が供給量に追加されていく。よって，供給関数

は，スライド 2.3 の点線で示された右上がりの階段状のものとなる。需要関数
の場合と同様，多くの理論分析では，階段状のものではなく，右上がりの直線，
または曲線で供給関数を示すことが多い。

2.4.2 均　　衡　　解

市場均衡価格とは，需要量と供給量が一致するような価格のことであり，均
衡取引量は，その価格での，需要量（または供給量）と一致する。**スライド 2.4**
においては，右下がりの需要関数と右上がりの供給関数が交わる価格と需要量
となる。今回の実験の条件においては，均衡価格 $P^* = 23 \sim 25$ であり，均衡取
引量 $Q^* = 5$ となる。

　取引を通じて生み出される利得の合計を**総余剰**と呼ぶ。総余剰のうち，買い
手が受け取った利得を**消費者余剰**，売り手が受け取った利得を**生産者余剰**†と呼

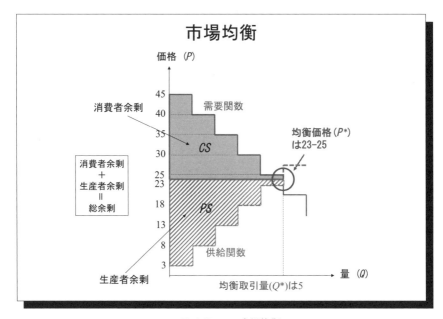

スライド **2.4**　市場均衡

---

　†　この実験では売り手は生産者とはいえないが，この点は無視する。

ぶ。均衡分析では，すべての取引は均衡価格で行われると仮定する。取引を行っ
たそれぞれの買い手が受け取る利得は，買い手にとっての財の価値と取引価格
の差なので，消費者余剰は，スライド 2.4 で需要曲線と均衡価格を示す水平線
に囲まれた部分（図中，CS と示された部分）となる。同様に，生産者余剰は，
取引を行った売り手の利得の総合計なので，理論的には，供給曲線と均衡価格
を示す水平線に囲まれた部分（図中，PS と示された部分）となる。総余剰は消
費者余剰と生産者余剰の和なので，図中の CS と PS の部分の合計となる。実
験 1 の設定での均衡（$P^* = 24$ で計算）においては，消費者余剰 $CS = 55$，生
産者余剰 $PS = 55$ である。

　それでは，実験結果を理論的な均衡分析の結果と比較してみよう。スライド
2.5 に実験 1 の結果を示す。スライドの図は，各グループの平均をとったもの
である。図からわかるように，ラウンドを経るたびに価格が均衡価格へ向かっ
ていることがわかる。また，取引量はラウンド 1 では少なかったものの，すぐ

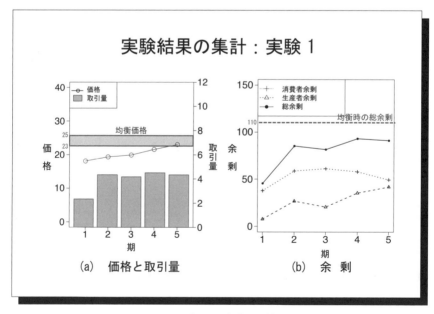

スライド **2.5**　実験 1 の結果

に上昇し，均衡取引量の 5 に近い値を示している（平均をとっているので整数値ではない）。一方，消費者余剰は理論値に近い 55 付近の値を示しているが，生産者余剰は低い値をとっている。合計で，均衡時の総余剰である 110 には及んでないが 100 近くの値であり，比較的効率的な市場を達成していることがわかる。

このように，実験 1 では人間を参加者とした場合にも，理論が予測する振舞いと比較的近い値を容易に実現するのである。

2.4.3　負の外部性と市場の失敗

つぎに，実験 2 を考えてみよう。この実験では，財が 1 単位取引されるごとに全員で平等に負担しなければならない 20 の追加費用が発生するというものである。実験に参加した買い手と売り手の内訳は スライド 2.3 に示す実験 1 と同様のものであった。

今回の実験では，総余剰を求める際には，取引ごとに発生する社会的費用の影響も考慮しなければならないが，これは，前項で求めた総余剰から，追加費用である 20 × 取引量 を引くことで求めることができる。

さて，どのような均衡解が得られるかを考えよう。市場の参加者（人数 N）は，自らが取引した際には，$20/N$ だけの追加コストを自分も負担しなければならないことがわかっているので，財の実質的な価値は，すべての買い手にとって $20/N$ だけ低くなり，同様に，財の実質的な仕入れ値は，すべての売り手にとって $20/N$ だけ高くなる。これは，取引をすることで実験への参加者が得られる利得を考えればわかる。例えば，すでに他の参加者によって y 単位だけ財が取引されていたとしよう。このとき，自分が取引しなければ，この参加者が得られる利得は，$-20y/N$ である。もし，自分が価格 P で取引したとすると，取引後の利得は，買い手であれば

$$財の価値 - P - \frac{20}{N} - \frac{20y}{N} \tag{2.7}$$

売り手であれば

$$P - 財の仕入れ値 - \frac{20}{N} - \frac{20y}{N} \tag{2.8}$$

となる。それぞれの式において、最後の $-20y/N$ は、この取引をしなくても生じているので、取引によって獲得することができる追加的な利得は、買い手にとっては

$$\left(財の価値 - \frac{20}{N}\right) - P \tag{2.9}$$

売り手にとっては

$$P - \left(財の仕入れ値 + \frac{20}{N}\right) \tag{2.10}$$

となり、買い手にとっては財の価値が実質 $20/N$ 減少し、売り手にとっては、仕入れ値が $20/N$ だけ上昇したのと同じことが生じていることがわかる。

この実質的な価値と仕入れ値の変化を考慮したうえで需要曲線と供給曲線を書き直したものが**スライド 2.6** の図 (a) である†。スライドからわかるように、需要関数は下側に、供給関数は上側にシフトしている。このときの均衡価格は、$P^+ = 24$, 均衡取引量は、$Q^+ = 4$ であり、この元で導出した消費者余剰、生産者余剰、総余剰は、それぞれ $CS^+ = 14$, $PS^+ = 14$, $TS^+ = 28$ である。

実験 1 の場合と比べて、総余剰が相当小さくなっていることがわかる。これは社会的なコストを差し引いているから当然ではあるが、単にその値が引かれただけではない。じつは実験 2 の設定では、社会的に最適な状況は取引量が 3 の場合であり、そのときに総余剰 36 が実現され、最も総余剰が高くなる結果となる（スライド 2.6 の図 (b)）。しかし、社会的なコストの負担の影響によって導かれる均衡状態では取引量が 4 で、過剰な取引が行われるという結果となる。実験 1 では、達成される均衡状態は社会的に最適な状態に行き着くが、実験 2 の場合は市場メカニズムにゆだねているだけでは、最適な市場の状態が達成されないのである。これは**市場の失敗**と呼ばれる。

---

† じつは、この図 (a) の社会的コストの大きさは厳密ではない。正しくは、需給関数をシフトさせる前に描くべきであるが、シフト後に強制的に描画しているため、本来よりも小さくなっている。各取引で 20 が差し引かれることに変わりはない。

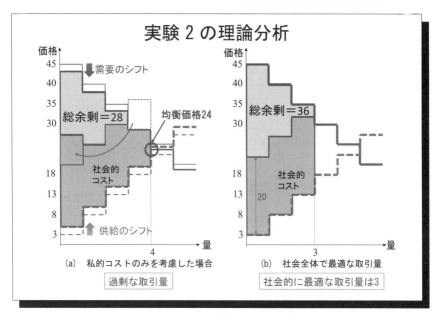

スライド **2.6**　実験 2 の理論分析

　これが起こる理由は，売り手，買い手それぞれが，取引をするかどうかを決める際に，彼らの取引がほかの市場参加者の利得に与える負の影響をすべて考慮しないためである。上述の議論のとおり，取引が引き起こす 20 のコストのうち，$2 \times 20/N$ は取引に関係する売り手と買い手の利得に直接影響するので，彼らが取引をするかどうかを決める際に考慮されうるが，残りの $(N-2) \times 20/N$ は考慮されない。このように，ある個人の行動が，ほかの個人の利得に負の影響を与え，かつ，行動をとっている個人がその影響を完全に考慮しないことを**負の外部性**が生じるという。その結果，市場の失敗が導かれる。

　これらを実験の結果と比較してみよう。**スライド 2.7** を見ると，均衡価格 24 に近い値を実現しており，取引量も 4 に近い値が見て取れる。均衡解と近い値が実現されている。社会的に最適な取引量 3 の状態はほとんど達成されず，均衡解が指し示すように，各余剰が非常に低い値となっている。理論解よりも低い値となってしまっている。負の外部性が働く状況下では，うまく市場が機能

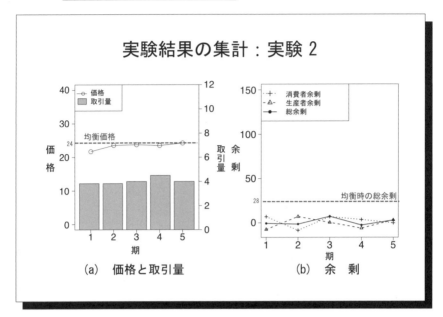

スライド 2.7　実験 2 の結果

しないことがよくわかる。

2.4.4　負の外部性の問題に対する一つの解決方法

　負の外部性が存在している場合は，市場均衡が必ずしも効率的な結果につながらないことが実験でも確認された。前述のように，外部性の問題は，ある個人の行動が，他の個人の利得に負の影響を与え，かつ，行動をとっている個人がその影響を完全に考慮しないことから生じる。よって，外部性の問題を解決するためには，行動をとっている個人が，自らの行動が他の個人の利得に与える負の影響をすべて考慮するような状況を作ればよいということになる。今回の実験のように取引から生じている外部性の影響の金額が正確にわかっている場合には，この金額をすべて取引税として取引実行者に課せばよい。

　実験 3 では，売り手に，財を売却した際に，20 の取引税を支払うことを課し，そうして集められた取引税は，最終的にすべての市場参加者に均等に配分

されるとした。これが買い手，売り手それぞれの取引をするかどうかという決定にどのような影響を与えるのかを見てみよう。前と同じように，例えば，すでに他の参加者によって y 単位だけ財が取引されていたとしよう。このとき，自分が取引しなければ，この参加者が得られる利得は，負の外部性から生じる $-20y/N$ に加えて，税収から還元される分配金 $20y/N$ を加えたものとなり，ゼロとなる。一方で，もし，自分が価格 P で取引したとすると，取引後の利得は，買い手であれば

$$
財の価値 - P - \frac{20}{N} - \frac{20y}{N} + \frac{20(y+1)}{N} \tag{2.11}
$$

となり，これは，結局，財の価値 $- P$ である。よって，買い手の取引の意思決定は，外部性も税金もなかった実験 1 と同じ条件になっている。売り手の場合は，取引税 20 を支払う必要があるので，取引によって得る利得が

$$
P - 財の仕入れ値 - 20 - \frac{20}{N} - \frac{20y}{N} + \frac{20(y+1)}{N} \tag{2.12}
$$

となる。これは，$P -$ 財の仕入れ値 $- 20$ となり，実験 1 の設定と比較して，財の仕入れ値が実質 20 上昇したのと同じ効果を持つ。つまり取引から生じて，すべての参加者が平等に負担しなければならなかった 20 の費用をすべて，1 人の売り手が負担するのと同じ状況になっているのである。

　この変化は，**スライド 2.8** で示すように，実験 1 の状況と比較して，供給曲線の上へのシフトとして表すことができる。このシフトの結果，市場均衡価格は 33～35，取引量は 3 であり，そのとき，消費者余剰 18，生産者余剰 18，総余剰 36 となる。負の外部性はあるが，税金がなかった場合と比べて，消費者余剰，生産者余剰ともに増えており，社会的コストを負担する状況下で最適な市場の状態が達成されているのがよくわかる。

　スライド 2.9 からわかるように，実験 3 の結果も理論分析が示すとおりに，取引価格は均衡価格あたりまで上昇し，また取引量も 3 に近い値が実現しており，均衡に近い状態となっている。また，総余剰を見れば，均衡値の 36 にまでは到達していないが，20 付近の値が実現しているのがわかる。実験 2 では，社

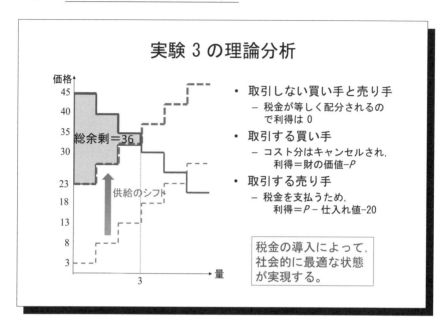

スライド **2.8** 実験 2 の理論分析

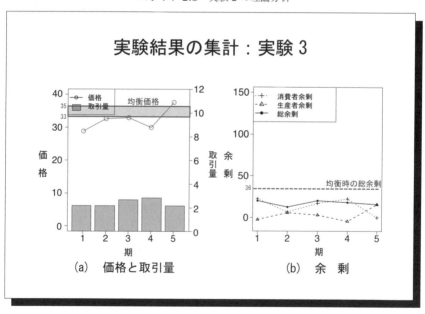

スライド **2.9** 実験 3 の結果

会的に最適な状態よりも過剰な取引がなされ，総余剰が 0 に近い値であったのに対して，税金という制度を導入することによって，市場参加者の振舞いを大きく変えることができ，社会的な最適に近い状態を達成することができている。その結果，実験 2 よりも総余剰が増加する結果となった。このように，市場におけるわずかな仕組みの違いが，市場全体の振舞いに大きく影響を及ぼすのである。

2.5　発展的な実験

　この三種類の実験以外にも多くのバリエーションがある。さらに学びたい人は，追加で以下のような実験を実施し，どうなるか考えて欲しい。

- 実験 3 の税金を，売り手が払うのではなく，買い手が払わなければならないとしたら，実験結果はどのように変わるだろうか？

- 実験 2 では，取引ごとに全員で平等に負担しなければならない 20 の追加的な費用が発生した。反対に，もし取引ごとに追加的な費用が発生するのではなく，取引ごとに全員で平等に享受できる 20 の追加的な利得が発生するとすれば，実験結果はどのように異なるだろうか？均衡解はどのように異なるだろうか？追加的な利得まで考慮した際に，社会的な余剰を最大化するような効率的な取引が達成されるだろうか？

3章 エージェントシミュレーション をプログラミングしよう

◆本章のテーマ

　2章で体験した市場実験と同じモデルに対して，マルチエージェントシミュレーションのプログラムを作成・実行し，どのような振舞いを得られるかを観察する。シミュレーションと実際の人間の行動結果との比較を行い，市場モデルにおける人々の行動やそこから形成される全体としての市場の振舞いについて学ぶ。本章を読み進めるにあたり，並行してプログラミングを行うと効率的な学習ができるであろう。講義で用いる場合には，コンピュータルームなどの設備を用いて演習形式で行うとよい。

◆本章を学ぶと以下の内容をマスターできます

☞　NetLogo でのゼロ知能エージェントのプログラミング

☞　経済実験とエージェントシミュレーションの比較の方法

3.1　は　じ　め　に

　前章では，実際の人間によるダブルオークションの市場実験を体験し，その結果について経済理論的な観点から分析した。本章では，同じ市場モデルのマルチエージェントシミュレーションをプログラミングし，そのメカニズムをシミュレーションの観点から見ていく。なお，プログラミングは NetLogo (Wilensky, 1999) を用いて説明を行う†。

　スライド **3.1** に示すとおり，シミュレーションのモデルも 2 章で行った実験 1 のモデルと同様に，6 人の売り手，6 人の買い手の合計 12 エージェントで構成される市場とする。実験での人間の参加者と同じようにエージェントが注文を出し，それを別のエージェントが受け入れるかどうかを意思決定する。なお，財の価値や仕入れ値についても，各エージェントにあらかじめ与えられており，

モデルの概要

- 2 章の実験 1 と同じで，12エージェント（買い手 6，売り手 6）からなる市場
- 買い手
  - それぞれ異なる財の価値が与えられる。
  - 利得 ＝ 財の価値 − 取引価格
- 売り手
  - それぞれ異なる仕入れ価格が与えられる。
  - 利得 ＝ 取引価格 − 仕入れ価格
- 取引ルール
  - 買い手と売り手の双方が自由に注文を出すことができ，また，市場に出ている注文を自由に受け入れることができる。
- その他の仮定
  - 各自が取引できるのは1つの財のみ
  - 取引が成立しなかった場合は利得は0

スライド **3.1**　モデルの概要

---

† 　NetLogo のプログラミングの基本的な方法については，チュートリアルとしてオンライン上の付録にまとめている。

実験1の実験結果と比較するために，まったく同じ値を用いることにする。経済実験の場合には，いくらの額で注文を出すか，出ている注文に応じるかなどの意思決定は，被験者である参加者自身が決めることであったが，シミュレーションではそのような注文の作成と注文の諾否などの行動モデルについてのプログラミングが必要となってくる。

　本章では，その行動モデルとして**ゼロ知能エージェントモデル** (Gode and Sunder, 1993, 1997) を用いる。

3.2	行動モデル：ゼロ知能エージェントモデル

　ゼロ知能エージェントとは，まったく知能を持っておらず，探索もしなければ利益最大化も行わず，記憶や学習もすることがない，単にランダムな価格で注文をするだけの単純なエージェントである。

　Gode and Sunder (1993, 1997) では，どのような要因が市場の効率性を決定づけていたのかを明らかにしたいという動機でゼロ知能エージェントを用いている。2章で行った実験1のモデルはダブルオークションと呼ばれ，Smith (1962) をはじめ，これまでに多くの研究者によって経済実験が行われており，その結果は，総じて理論均衡に近い効率性を示すことが明らかになってきている。Gode and Sunder (1993, 1997) では，人間が賢いからそのような高い効率性を実現するのか，必ずしも賢くないプレイヤーであってもマーケットのルールによって高い効率性が導かれているのか知りたいという研究の動機があった。そのために，あえて知能を持たない単純なゼロ知能エージェントを用いたのである。

　スライド3.2 にも示しているように，ゼロ知能エージェントは実際の人間の行動を記述しようとするものではない。逆に，ランダムという人間的な振舞いとはまったく異なる，単純な行動モデルを想定している。もともと，本論文は経済学の基礎的トピックとして出版されたものであり，上記のとおり，なぜ高

ゼロ知能エージェント
(Gode and Sunder, 1993)

エージェントの行動：

まったく知能を持たず，ランダムな価格で注文を行う単純なエージェント

- ✓ 実際の人間の振舞いを記述するアプローチとは正反対
- ✓ KISS原理の考え方に近い

- このような単純なエージェントによって，市場がどのように形成されるかを調べた。
- ゼロ知能エージェントであっても，市場効率性の観点で，**被験者実験と同等のパフォーマンスを実現する**ことが明らかになった。

スライド **3.2**　ゼロ知能エージェント

い市場効率性が達成されるかという理由を明らかにしようとする動機で研究が進められた。一方で，マルチエージェント研究の分野の1つの例として見れば，KISS 原理を採用した1つの研究であるという見方もできる。ランダムに振舞うという単純なエージェントとしてモデル化することで，それらのエージェントから創発される市場の振舞いを分析することで，単純なエージェントの行動と市場全体のメカニズムの詳細を明らかにすることができる。まさに，KISS 原理に基づいた研究例といってよいだろう。

　Gode and Sunder (1993) によるシミュレーションでは，基本的にエージェントは価格をランダムに選択するが，その選択できる価格の範囲を財の価値以下，あるいは，財の仕入れ値以上になるような制約条件をいれた場合と，いれない場合の2つの設定を用いている。以下，原著論文の記述にならって，価格制約がない場合を ZI-U，ある場合を ZI-C と呼ぶことにする。シミュレーションにおける価格の範囲を [0,100] と仮定すれば，エージェントの行動ルールは，

エージェントの行動ルール

- 売り手，買い手ともに基本的に同じルール
- 2種類のタイプ
  - 「価格制約なし」と「価格制約あり」
- 価格制約なし（ZI-U）
  - [0, 100]からランダムで注文価格を選ぶ。
- 価格制約あり（ZI-C）
  - 買い手の場合：
    [0, 財の価値]からランダムで注文価格を選ぶ。
  - 売り手の場合：
    [仕入れ値, 100]からランダムで注文価格を選ぶ。

スライド **3.3** エージェントの行動ルール

具体的にスライド **3.3** のようになる。

3.3 | プログラミングしてみよう

それでは，前節までの内容で実際にプログラミングをしてみよう。プログラミングの手順は

1. パラメータの準備
2. エージェントの作成
3. 行動ルールの記述
4. エージェント間の取引の記述
5. その他のプロシージャ[†]

の5つのステップに分けて進める。

[†] NetLogo では，通常のプログラミング言語における関数に相当するものをプロシージャ（procedure）と呼ぶ。to と end で囲んで定義する。

　まず，はじめにステップ1として，パラメータの準備をする。**スライド 3.4**
のように，冒頭でグローバル変数と各エージェントが持つ変数を定義しよう。
変数 Values は財の価値の値が格納された配列，変数 Costs は財の仕入れ値の
値が格納された配列とする。数値は，2 章の実験設定（スライド 2.3 を参照）と
まったく同じものである。MaxPrice の変数は，エージェントがとれる価格の
最大値とする。TransactionPrices も配列であり，取引が成立するたびに取引価
格を末尾に追加していく。CS，PS，TS はそれぞれ消費者余剰，生産者余剰，
総余剰の値を保持するための変数であり，AveragePrice はラウンドごとの平均
価格を保持する変数で，PricesAtTheRound はその計算のために各ラウンドに
おける取引価格を一時的に保存するためのものである。一方，エージェントが
持つ変数として，trader-type は売り手か買い手かのタイプを識別するための変
数で，value にはタイプに応じて財の価値，もしくは，仕入れ値のどちらかを格
納する。profit は利得で，offer-price にそのエージェントが出した注文の価格

1. パラメータの準備

・ **冒頭で変数を定義**

```
globals [Values Costs MaxPrice TransactionPrices
RoundLine CS PS TS AveragePrice PricesAtTheRound]
turtles-own [trader-type value profit offer-price traded]
```

・ **パラメータに関する 2 つのプロシージャを定義**

```
to set-parameters                      to initialize
  set MaxPrice 100                       ask turtles [
  set Values [45 40 35 30 25 20]           set offer-price -1
  set Costs [3 8 13 18 23 28]              set traded false
  set TransactionPrices []                 set profit 0
  set RoundLine []                         set CS 0
  set CS 0                                 set PS 0
  set PS 0                                 set TS 0
  set TS 0                                 set PricesAtTheRound []
  set AveragePrice 0                     ]
  set PricesAtTheRound []              end
end
```

スライド **3.4**　ステップ 1. パラメータの準備

の値を保持する。traded はラウンド内で取引が終了したかどうかを判断するための変数である。ついで，set-parameters のプロシージャで初期値をそれぞれ設定しよう。また，initialize のプロシージャには，ラウンドが進んだときに初期化が必要な変数について，ここで設定する。

つぎのステップは，エージェントの作成である。**スライド 3.5** のように，setup のプロシージャとして記述しよう。通常，NetLogo では，create-turtles 12 のように，一気に必要なエージェント数だけ作成することが可能であるが，今回のプログラミングでは，それぞれのエージェントが異なる財の価値/財の仕入れ値を持たせるために，それぞれの配列に対して foreach 文を用い，買い手と売り手に分けて，エージェントを 1 体ずつ create するという手順をとる。setup の記述が済めば，NetLogo のインタフェースタブをクリックし，setup ボタンを作成するのを忘れないようにしよう。

ステップ 3 として，行動ルールを記述しよう（**スライド 3.6**）。agent-decision

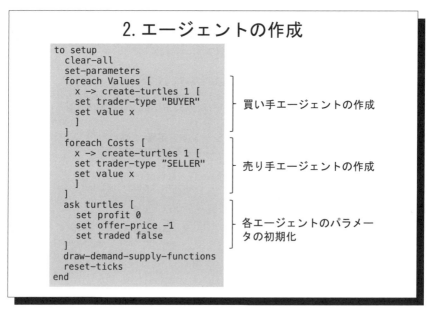

スライド **3.5**　ステップ 2. エージェントの作成

3. 行動ルールの記述

```
to-report agent-decision
  let price -1
  if (Agent-model = "ZI-U")[
    set price random (MaxPrice + 1)
  ]
  if (Agent-model = "ZI-C")[
```

価格制約ありの場合のエージェントの行動を
自分で書いてみよう

```
  ]
  report price
end
```

スライド **3.6**　ステップ 3. 行動ルールの記述

というプロシージャを定義し，戻り値として選択した価格を返すようにしよう。このプロシージャ内で ZI-U と ZI-C の 2 種類の行動ルールについて if 文で分岐するようにする。行動ルールの切替えはインタフェース画面で Chooser を使って設定できるようにするとよい。なお，スライド 3.6 には，ZI-U のみソースコードを載せたが，ZI-C については読者自身で考えて書いてみよう。

スライド 3.7 と**スライド 3.8** にステップ 4 のエージェント間の取引のソースコードを載せている。この部分は少し複雑であるが，つぎのような処理を記述している。買い手の場合について見てみよう。

1. まだ取引していない（trade=false）エージェントに対して，ask で命令を出す。
2. if 文で買い手と売り手で処理を分岐する。
3. agent-decision のプロシージャで，offer-price に注文価格を代入する。
4. 取引が未成立，かつ，注文発注済みの売り手（trader-type="SELLER"

4. エージェント間の取引の記述

```
to go-one-round
  initialize
  repeat 20 [
    ask turtles with [traded = false] [
      if (trader-type = "BUYER") [
        set offer-price agent-decision
        let candidate-seller min-one-of (other turtles with
        [trader-type = "SELLER" and offer-price >= 0 and
        traded = false])[offer-price]
        if (candidate-seller != nobody and traded = false) [
          if (offer-price >= [offer-price] of candidate-
          seller )[
            set TransactionPrices lput ([offer-price] of
            candidate-seller) TransactionPrices
            set PricesAtTheRound lput ([offer-price] of
            candidate-seller) PricesAtTheRound
            set profit value - [offer-price] of candidate-
            seller
            set traded true
```

スライド**3.7** ステップ4. エージェント間の取引の記述

```
            ask candidate-seller [
              set profit offer-price - value
              set traded true
            ]
          ]
        ]
      ]
      if (trader-type = "SELLER") [



              売り手の場合の処理を
              自分で書いてみよう



      ]
    ]
  ]
  calc-at-round-end
  draw-transaction-price
  draw-round-end-line
  tick
end
```

スライド**3.8** ステップ4. エージェント間の取引の記述（つづき）

and offer-price >= 0 and trade=false) の中から，売り注文価格の最も
低いエージェントを candidate-seller に代入する。

5. その候補となる candidate-seller が nobody でなく，さらに，買い手の
offer-price と取引可能であれば，取引を成立させる。

ただし，Gode and Sunder (1993) の設定にならい，先に注文を出したほうの価
格で取引が成立するものとしている。そして，一番外側には repeat 文を使い，
上記のプロセスが 20 回繰り返されるようにしている。エージェントに何度も
注文を出させて，マッチさせるためである。売り手の処理については，読者自
身で書いてみよう。

上記のステップ 4 で記述した go-one-round のプロシージャについては，イ
ンタフェースタブに移動し，対応するボタンを作成しておこう。また，それを
必要なラウンド数だけ自動で繰り返しできるよう，go のプロシージャとそのボ
タンを追加するとよいだろう。最大繰り返し数は，自由に変更できるようにス
ライダーを設置すると便利である。

その他の必要なプロシージャ

```
to calc-at-round-end
  set AveragePrice mean
  PricesAtTheRound
  ask turtles [
    if (trader-type = "BUYER") [
      set CS CS + profit
    ]
    if (trader-type = "SELLER") [
      set PS PS + profit
    ]
  ]
  set TS CS + PS
end
```

```
to draw-transaction-price
  set-current-plot "Transaction
  Price"
  clear-plot
  create-temporary-plot-pen
  "transaction price"
  set-plot-pen-color black
  let x 0
  foreach TransactionPrices [
    p -> plotxy x p
    set x x + 1
  ]
  create-temporary-plot-pen
  "equilibrium line"
  set-plot-pen-color gray
  plotxy 0 24
  plotxy plot-x-max 24
end
```

スライド **3.9** ステップ 5. その他の必要なプロシージャ

```
to draw-demand-supply-functions        to draw-round-end-line
  set-current-plot "Demand and            set RoundLine lput (length
  Supply Functions"                       TransactionPrices - 1)
  clear-plot  let x 0                     RoundLine
  create-temporary-plot-pen               set-current-plot "Transaction
  "Supply"                                Price"
  foreach Values [                        foreach RoundLine [
    v -> plotxy x v                         x ->
    plotxy x + 1 v                          create-temporary-plot-pen
    set x x + 1                             word "line:" x
  ]                                         set-plot-pen-color gray
  set x 0                                   plotxy x 0
  create-temporary-plot-pen                 plotxy x plot-y-max
  "Demand"                                ]
  foreach Costs [                       end
    c -> plotxy x c
    plotxy x + 1 c
    set x x + 1
  ]
  create-temporary-plot-pen
  "equilibrium"
  set-plot-pen-color gray
  plotxy 0 24
  plotxy 5 24
  plotxy 5 0
end
```

スライド **3.10**　ステップ 5. その他の必要なプロシージャ（つづき）

つぎのステップとしては，残されたもろもろの処理である。**スライド 3.9** と**スライド 3.10** に必要なプロシージャのソースコードを示す。グラフの描画のためのものがほとんどである。スライドのとおりに書いてみよう。ただし，インタフェース画面でグラフを追加する際，プロシージャで書かれた名称（例 "TransactionPrice" など）がある場合は，それに合わせる必要があるので注意が必要である。

3.4　シミュレーションの実行

3.4.1　シミュレーション結果

シミュレーションを実行すると，**スライド 3.11** と**スライド 3.12** のような結果画面を確認できるだろう。スライドの上部の 2 つのグラフは，左側から，需要供給関数，取引価格を表しており，下部の 3 つのグラフは，左側から，ラウ

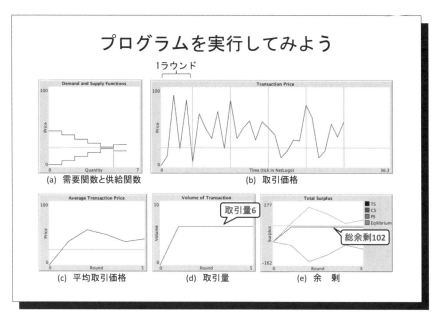

スライド **3.11** ZI-U エージェントのシミュレーション結果（価格制約なし）

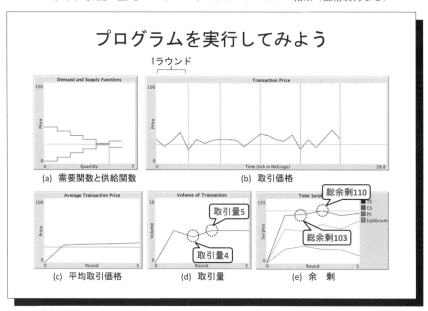

スライド **3.12** ZI-C エージェントのシミュレーション結果（価格制約あり）

ンドごとの平均取引価格，ラウンドごとの取引量，ラウンドごとの余剰を表している。

　2つの結果を比較すると，取引価格の動きが大きく異なることがすぐにわかる。ZI-Uでは [0,100] の価格の取りうる範囲全体に広がっているのに対して，ZI-Cの場合には均衡価格の周辺で取引されていることがわかる。また，取引量にも大きな違いが出ている。ZI-Uではつねに取引量が6であるのに対して，ZI-Cでは4~5の値を示している。さらに，総余剰はZI-Uでは102の値で一定となっているのに対して，ZI-Cでは均衡の110が実現する一方で低い場合も見られる。

3.4.2　結果の考察

　これらの違いについて考察しよう（スライド**3.13**）。価格の違いについては，容易に推測できるだろう。ZI-Uは制約がなく自由な価格で注文を出すため，例

ディスカッション

シミュレーションの結果について考察してみよう。

- 「制約なし(ZI-U)」と「制約あり(ZI-C)」の違いについて
  - 取引価格や価格が違う理由はなぜか？
  - 総余剰の違いはなぜ生じるか？

- Gode and Sunder(1993)の結果と一部が異なる理由について考えよう。
  [ヒント]
  - 12エージェントのうち，どのエージェントが取引しているのだろうか？
  - 今回，単純化のため過去の注文は消える(offer-priceを上書き)が，本来の設定ではそのまま残る。これは，どういう影響を与えているか？

Table 先行研究の結果例

エージェントの種類	市場効率性※
ZI-U	90.0
ZI-C	99.9

※均衡時の総余剰を100としている。また，Market1という設定下での結果である。

スライド **3.13**　シミュレーション結果の考察

えば，買い手にとって財の価値を超えるような価格の注文も市場に出ることになる。それに応じる売り手がいれば，その価格での取引が成立する。売り手についても同様で，財の仕入れ値よりも低い値での取引が生じることになる。このため，取引価格は広範に分布する結果となる。一方で，制約がある ZI-C の場合には，買い手は財の価値以上の注文を出すことはないし，売り手も仕入れ値を下回る価格で注文を出さない。その結果，需要関数よりも上側の価格や供給曲線よりも下側の価格での取引が生じなくなり，結果としてある範囲に取引価格が収まることになる。

取引量の違いについては，つぎのように説明できる。本モデルは，エージェント数は 12 であり，各エージェントが取引できる量は 1 つであるため，市場における取引量の最大値は 6 である。すなわち，ZI-U では全員が取引している。これは，ランダムな価格で注文を行っているために，均衡解では本来取引しない，需要供給関数の交点から右側に位置するエージェント（財の価値が 20 の買い手と仕入れ値が 28 の売り手）も取引できる注文が市場に出てくるからである。一方で，ZI-C の場合には，価格制約があるために，それらのエージェントにとって都合のよい注文が市場に出てくることは少なく，そのような取引は起こりにくい。そのため，取引量は 6 とはならない。場合によっては，本来均衡で取引するはずのエージェントであっても，うまく価格が折り合わず，取引ができずにラウンドが終了してしまうと，取引量が 4 などの均衡を下回る値になることもある。

上記の取引価格と取引量の違いの理由を踏まえると，総余剰の違いについても理解することができるだろう。12 エージェント全員が取引した場合，例えば，それぞれの取引価格を p_i $(i = 1, \cdots, 6)$ としたとき，つぎのように総余剰を計算できる。

$$\sum_{1 \leqq i \leqq 6} \{(v_i - p_i) + (p_i - c_i)\} = \sum_{1 \leqq i \leqq 6} v_i - c_i = 102 \qquad (3.1)$$

ただし，v_i は買い手エージェント i の財の価値，c_i は売り手エージェント i の仕入れ値を表す。買い手と売り手の利得を足すと価格の項は相殺されるため，結

局，財の価値の総和から仕入れ値の総和を減じた値となり 102 が求まる。均衡の 110 と比べて，財の価値が 20 の買い手と仕入れ値が 28 の売り手も取引に参加しているため，−8 だけ総余剰が小さくなっているのである。一方で，ZI-C の場合には，売り手と買い手のマッチングが必ずしもうまくいくとは限らず，うまくいけば均衡解である 110 の総余剰が達成されるし，そうでなければ 110 よりも低い値となってしまうのである。

じつは，このシミュレーション結果は，Gode and Sunder (1993) と少し異なっている。スライド 3.13 の右下の表に，Gode and Sunder (1993) が行った近い設定でのシミュレーション結果の例を示しているが，均衡解を 100 としたとき，ZI-C は 99.9 を実現している。しかし，本章のシミュレーション結果では，必ずしもそのような高い値にはならない。場合によっては，ZI-U とほぼ同等にまで下がってしまうことさえ起こりうる。これはなぜだろうか？

考えられる 1 つの理由は，本章のプログラミングでは，簡略化のために各エージェントが出せる注文は 1 つのみで，新しい価格の注文を出す際には，過去の注文が取り消される（offer-price の値が上書きされる）ということにしたために，ZI-C の場合には，売り手と買い手のマッチング効率が悪くなるからである。特に，財の価値が 25 の買い手と仕入れ値が 23 の売り手は特に不利である。例えば，この 2 人のエージェントがうまく取引成立するためには，両者ともに 23〜25 の価格での注文を行う必要がある。しかし，その買い手エージェントは [0,25] の範囲からランダムで選択し，その売り手エージェントは [23,100] の範囲からランダムで選択しているため，その確率はきわめて低い。ほかのエージェントともマッチングできるので，必ずしもこのとおりではないが，このような問題が生じているのである。一方で，過去の注文を残せるのであれば，一度でも 23〜25 の価格を選んでいればよく，上記と比べて比較的マッチング効率は高い。この違いが出ているのである。

一方，需給関数の交点よりも右側のエージェントも取引する可能性がある。その場合，取引量が 5 であったとしても，均衡解の 110 の総余剰から減少した値となる。この点については，元の論文でも生じる可能性がある。実際，Gode and Sunder (1993) で行われたその他の設定での実験では，均衡時の総余剰よりも低い値が示されている。これは財の価値や仕入れ値のパラメータ設定に依存することになる。

3.5　経済実験の結果との比較

つぎに，2章で行った経済実験の結果と比較しよう。経済実験では，どのような価格で注文するか，どの注文に応じるか，参加者自身が考えて取引が行われる。すなわち，ゼロ知能エージェントとは違って，それぞれの主体が知能を持ち，なんらかの理由をもって取引を行っていたはずである。

スライド **3.14** に，ZI-U，ZI-C，被験者のそれぞれのグラフを示す。価格制約もなく完全なランダムである ZI-U は，取引価格が他の2つに比べて大きく逸脱しているが，一見しただけでは，ZI-C と被験者の間で大きな違いがなく，近い振舞いを示しているように見える。取引量も，ZI-C と被験者実験の結果で，

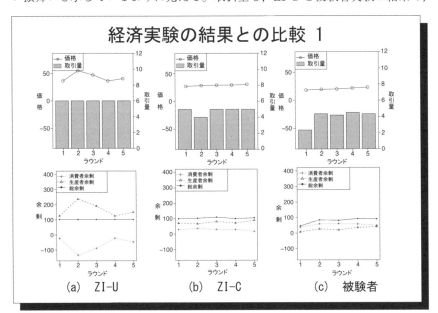

スライド **3.14**　経済実験の結果との比較 1

似た値が示されている。余剰のグラフを見ると，ランダムである ZI-U は，生産者余剰がかなり高い値を示し，一方で消費者余剰はマイナスになってしまっている。しかし，ZI-C と被験者は，大まかには近い傾向を示していることがわかる。

つまり，ZI-C の単純なエージェントでも，実際の人間が達成するような市場のパフォーマンスを示すことができるという点で興味深い。

もう少し細かく具体的な数字で比較してみよう。スライド **3.15** の上部の表に，市場効率性を示す指標として，理論均衡における総余剰を 100 としたときの値（5 ラウンドの平均）を示した。見てわかるように，ゼロ知能エージェントが高い効率性を実現している。

また，参考に先行研究の Gode and Sunder (1993) の結果をスライド下側に示した。被験者実験の結果が，本書の実験結果よりも高い効率性を示している

経済実験の結果との比較 2

Table 5ラウンドの平均値の比較

エージェントの種類	市場効率性
ZI-U	92.7
ZI-C	94.2
被験者	72.2

ゼロ知能エージェントが<u>高い市場効率性</u>を実現。

被験者の知能は必ずしも必要ではない。

ダブルオークションという<u>市場メカニズム</u>が高い効率性をもたらす。

Table Gode and Sunder(1993)の結果

	Market 1	Market 2	Market 3	Market 4	Market 5
ZI-U	90.0	90.0	76.7	48.8	86.0
ZI-C	99.9	99.2	99.0	98.2	97.1
被験者	99.7	99.1	100.0	99.1	90.2

※Market1~5という異なる設定を用いており，需要・供給関数の形がそれぞれ異なる。

スライド **3.15** 経済実験の結果との比較 2

が，基本的に同じ傾向にあることがわかる[†]。

ZI-U も，市場効率性という点では比較的高い値を示しているが，スライド
3.14 で示したとおり，価格の値は大きく逸脱し，生産者余剰と消費者余剰は極
端な値を取るため，完全にランダムなエージェントでは適切な市場は形成でき
ないことがわかるだろう。

これらの比較によってわかることは，ZI-C という価格制約のみ与えたゼロ知
能エージェントであっても，被験者と同等かそれ以上の高い市場効率性を実現
するため，じつは実際の人間の高い知能は必ずしも必要ないということである。
つまり，ダブルオークションという市場メカニズムが高い効率性をもたらすも
のであると結論づけることができる。

3.6 発展的なシミュレーション

本章で作成したプログラミングは，非常にベーシックなものであり，さらに
学びたい人は，追加で以下のようなプログラムを作成するとよいだろう。

- エージェントの数を増やし，財の価値と仕入れ値の値を変えて，シミュ
  レーションを実行してみよう。財の価値と仕入れ値の値を変えれば，需
  要関数と供給関数の形が変わり，均衡解も異なる値となる。そのような
  場合に，同じエージェントの行動ルールにもかかわらず，振舞いは変わ
  るだろうか？

- スライド 3.13 で議論したように，今回のプログラミングではエージェン
  トが出した注文は過去の注文を上書きする設定になっている。Gode and
  Sunder (1993) と同様に，各エージェントが自身が持つ 1 つの財につい
  て複数の注文を出せるようにしてみよう。その場合，エージェントは 1

[†] 2 章での被験者実験の結果は ZI-U よりも市場効率性が低い結果となったが，この原因
の 1 つは，今回の実験は講義中に行ったものであり，被験者に報酬を与えていないか
らである。詳細は 10 章で述べるが，研究のために経済実験を行う場合には，実験中の
利得に応じて被験者に現金などの報酬を渡す。そうすれば効率性は上がり，Gode and
Sunder (1993) の結果に近づくだろう。

つしか財を取引できないので，その財の取引が成立すると，未成立の注文についてもすべて市場からなくすような設定にしなければならないことに注意しよう。

- 今回のシミュレーションは，経済実験に合わせるために各エージェントが取引できる財は 1 つだけとした。Gode and Sunder (1993) のシミュレーションでは，1 つのエージェントが複数の財を取り扱えるものとなっているので，そのようにプログラムを修正してみよう。ただし，その場合には，論文の設定にならい，1 つ目の取引が終わるまで 2 つ目の注文を出せないようにするとよいだろう。

- 2 章では，外部性（実験 2）や税金（実験 3）を導入した場合の経済実験も行ったが，そのような設定のシミュレーションを作成してみよう。果たして，どのような結果が得られるだろうか？

4章　より複雑な市場実験とエージェントシミュレーション1

◆本章のテーマ

　本章では，Smith et al. (1988) 以降，多くの研究成果を生み出してきた複数期間にまたがって資産を売買する資産市場実験の枠組みと，これらの中心的な結果を解説する。その上で，この実験環境に適応させるべく Duffy and Ünver (2006) が価格制約付きゼロ知能エージェントモデルを発展させたモデルを紹介し，そのプログラムを構築する。最後に，Haruvy and Noussair (2006) によって提案された3種類のエージェントの相互作用モデルを紹介する。

◆本章の構成（キーワード）

◆本章を学ぶと以下の内容をマスターできます

☞　資産市場バブルの経済実験の枠組み

☞　NetLogo による発展型ゼロ知能エージェントモデルのプログラミング

4.1　は じ め に

　本章では，Smith et al. (1988) 以降，多くの研究成果が生み出されてきた複数期間にまたがって資産を売買する資産市場実験の枠組みと，これらの中心的な結果を解説する。2章で紹介した市場実験は，紙，ペン，そして黒板があれば簡単に実施できるタイプの実験ではあるが，本章の実験内容は複雑なため，実施にあたってはネットワークで接続された複数のコンピュータ環境が必要不可欠である。

　この実験は，資産市場で生じる「バブル」を経済実験を通じて研究するために考えられた。通常，資産市場バブルとは，資産価格が，資産の本質的価値[†1]よりも高い水準で推移することとして定義されるが，実際の資産市場では，資産の本質的価値そのものが明確に定義できないことが多い[†2]。そのため，資産市場バブルの発生に関して，専門家の間でも意見がわかれることがある[†3]。これに対して，実験市場では，実験者が資産の本質的価値を明確に定義できるので，資産市場バブルが発生したかどうかに関して議論の余地がなく，分析がより明確なものとなる。この実験は，Smith らの 1988 年の論文の発行以降，多くの研究者によってさまざまな条件下で追試が行われ，実験結果が再現されているものである。

[†1]　本書では fundamental value の訳語として，本質的価値を用いる。本質的価値，本来価値，ファンダメンタルバリュー，などいくつかの言い方が存在する。

[†2]　中国のワラント（一定の値段で，あらかじめ定められた期間内に発行会社の株式を購入できる権利のこと）市場において，取引されているワラントの本質的価値が公開されている情報に基づいて計算できた期間が存在した。その間のバブルに関して，Xiong and Yu (2011) が分析を行っている。

[†3]　例えば，1634 年から 1637 年にかけてオランダで発生したとされているチューリップバブルに関して，バブルといえるのは，最後の 1 か月だけであるとした Garber (1989) の研究などがある。

4.2　資産市場実験

4.2.1　実験の説明

スライド **4.1** に実験の概要を示す。1 市場当り，N 人（多くの実験では 6〜12 人）が参加する。各参加者は，実験の開始時に，c ECU† の現金と a 単位の資産を初期保有として配分される。参加者は，手持ちの現金と資産を用いて，合計 T 期間にわたって資産の売買を行う。

各期の終わりに，資産の保有者は 1 単位当り，いくらかの配当を現金として受け取る。受け取った配当は，つぎの期以降の取引に使用することができる。各期の配当額は，あらかじめ定められた分布に従って，各期独立に決まる。例えば，配当額は，各期，資産 1 単位当り，$\{0, 8, 28, 60\}$ ECU の 4 通りの可能性のうちのどれかにそれぞれ $1/4$ の確率で決まるような実験もあれば，配当額

資産市場実験の内容

- n人1グループとし，仮想的な資産市場を通じて，参加者は資産を売買する。
- 具体的な手順
  - 初期保有として c ECUの現金と a 単位の資産が与えられる。
  - ダブルオークションなどの形式で取引を行う。
  - 一定時間のダブルオークションを1期間とし，T 期間繰り返す。
- 配当について
  - 各期の終わりに資産を持っていれば配当を受け取る。
  - 資産1単位当り d_t の配当を得る。
  - 配当で得た現金は，次期以降の取引に利用することができる。
- T 期終了後の資産
  - T 期終了後に保有資産は定められた一定額 p で実験者が買い取る，あるいは，価値を失う（$p = 0$）。

スライド **4.1**　資産市場実験の内容

---

† 実験経済学では，実験中の仮想的な通貨の単位を表すために ECU（experimental currency unit）がよく用いられる。

は，各期資産 1 単位当り 12 ECU であるという実験も可能である。*T* 期の終わりに，最後の配当が支払われたあとに，資産は価値を失ったり，参加者があらかじめ決められていた価格で買い戻したりする。

スライド 4.2 に示すように，各期の取引は，*M* 分間の**連続時間のダブルオークション方式**で実施されることが多いが，コール市場方式を用いた研究もある。2 章で紹介したダブルオークション方式と異なるのは，多くの資産市場実験では，各参加者は売り手にも買い手にもなれること，各期，それぞれ，1 単位以上の資産を売買できること，そして，一度取引が成立すると，取引に関わった参加者のそれまでの注文は削除されるが，他の参加者が出した注文は継続して残る点である。

コール市場方式とは，各期，各参加者が，最大 1 つの買い注文と最大 1 つの売り注文を提出し，それらを集計した上で，需給が一致する価格のもとで取引が実行されるというものである。参加者が買い注文を提出する際には，自らが

実際によく用いられる具体的設定

- **取引の方法**
  - 連続時間ダブルオークション方式
  - コール市場方式
- **配当の方法**
  - 事前に定められた一律額
  - 確率ベースでその期ごとに決まる。
- **その他**
  - 基本的な設定では，現金を借り入れての資産の購入や，資産を借り入れての空売りなどはできない。

スライド 4.2　よく用いられる実験設定

1 単位の資産に最大払ってもよいと考えている価格，および，その価格で何単位の資産の購入を希望するのかを指定する。売り注文を提出する際にも同様に，自らが 1 単位の資産を手放すにあたって受け取ってもよいと考えている最小の価格，および，その価格で何単位の資産の売却を希望するのかを指定する。

どちらの取引方式においても，基本的な実験設定では，注文を出す際には，注文を実行するのに必要な現金と資産が手元になければならない。よって，現金を借り入れての資産の購入や，資産を借り入れての資産の売却などはできない[†]。

この実験で，資産の本質的価値はどのように決まるのだろうか？実験中に取引される資産が生み出す価値は，各期取引後に生じる配当 (d_t) と最後の配当支払い後に実験者によって買い取られる価格 (p) のみである。よって，**スライド 4.3** に示すように，t 期の取引開始時における資産の価値は，t 期から T 期まで

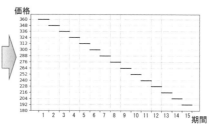

スライド **4.3**　資産の本質的価値

[†]　手元にない資産を借りて売却することを空売りという。空売りや現金の借り入れを可能にしている実験もある。例えば，Haruvy and Noussair (2006), Ackert et al. (2006), Duchêne et al. (2019) など。

残りの配当の期待値と最終的な買取価格 p の和として定義される。例えば，取引期間 $T = 15$ で，各期の配当は $\{0, 6, 12, 32\}$ のどれかの値に等確率でなり，最終的な買取価格は $p = 180$ であるような実験では，各期の配当の期待値が 12.5 であるので，1 期の取引開始時の資産の本質的価値は，$15 \times 12.5 + 180 = 367.5$ となる。その後，配当が支払われるごとに，資産の価値が 12.5 ずつ減っていくため，資産の本質的価値を期を追ってグラフにすると，スライド 4.3 に示すように階段状のグラフとなる。もし，実験中に観察された取引価格がこの本質的価値より高い水準で推移すれば，それは明確に資産市場バブルと呼ぶことができるわけである。

4.2.2　実験してみよう

スライド 4.4 に具体的な設定を示している。6 人 1 グループの実験で，連続時間ダブルオークション方式で取引される。また，配当は 0 か 20 のどちらかが各期末に等確率で選択され，15 期終了後は資産の価値は 0 となる設定である。

実験設定

- 6人の市場（1グループ6人）
- 初期保有
  - 各プレイヤは資産を4単位，現金を1 200を持つ。
- 配当の方法
  - 各期末に等確率で 0か20
- 1期間120秒の連続時間ダブルオークション方式の取引で，全部で15期間行う。
- 15期間終了後は資産の価値は0

スライド 4.4　実験設定

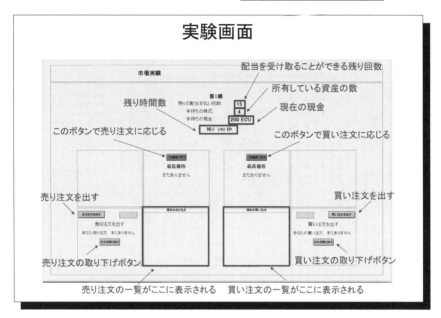

スライド4.5 実験画面

そして，スライド4.5は実験の画面について説明している。画面左側では資産市場に売り注文を出すことや現在市場に出ている売り注文に応じることができる。同様に，画面右側では買い注文を出したり，市場に出ている注文に応じたりできる。

それでは実際に体験してみよう。

4.2.3 実験結果の解説

スライド4.4と同じ設定で，東京大学大学院工学系研究科の講義内で行った実験結果を紹介する。スライド4.6に実験結果を示す。実験は全員で48人の8グループで行ったものであり，図中の各線が1つのグループの平均取引価格の推移をを示している。各期で得られる配当の期待値は10であるため，この設定では第1期目の本質的価値は150で，そこから1期進むごとに10減少していく。例えば，グループ7は，150あたりから徐々に減少し，最後の15期ではほぼ0近くの値で取引している様子がみられる。一方で，多くのグループで1

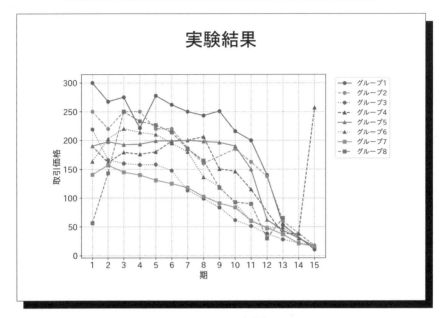

スライド **4.6**　実験結果

期目から 150 を超える高い価格での取引が行われていることがわかる。すなわち，バブルが発生しているのである。しかしながら，その多くは最終期の 15 期目に近づくにつれて，バブルが崩壊し，価格が一気に減少する。また，グループ 8 は特徴的なグループで，本質的価値よりも低いところからスタートし，その後価格は上昇し，バブルが発生している。しかし，期が進むにつれてバブルが崩壊し，最後は 0 付近の価格に収束していることがわかる。このようなパターンも，実際に実験を行うとしばしば観察される。なお，グループ 4 は 15 期目に突如 250 以上の価格で取引がなされているが，これは実験謝金を支払っていない講義中での実験のために起こったものであり，研究として通常謝金で動機付けする場合には，このようは振舞いは通常観察されない。

　本質的価値から乖離し，バブルが発生する実験結果は，個々の意思決定主体の合理性と，彼らの間での合理性の共有知識の両方を仮定した理論モデルでは説明が困難である。もちろん，この設定では資産の配当額が確率的に決まるの

で，参加者のリスク選好の違いから，資産の本質的価値とは異なった価格で取
引が生じる可能性も十分にある。しかし，Akiyama et al. (2017) はコール市
場方式の資産市場実験で，かつ，配当が確率的に決まらない場合の実験を行っ
た。そこでも，参加者のすべてが必ずしも実験の設定を理解して合理的に行動
しないばかりではなく，ある認知テスト (cognitive reflection test, Frederick,
2005) の結果から判断してより合理的であろうと考えられる参加者ほど他の参
加者も同様に行動するとは考えておらず，それが，取引価格の本質的価値から
の乖離につながっている可能性を示している[†]。同様の結論は，Cheung et al.
(2014) でも，Akiyama et al. (2017) とは別の実験手法を用いた実験結果に基
づいて導かれている。次節で，この実験結果を説明するために構築された，2 つ
の異なったマルチエージェントモデルを紹介しよう。

4.3 　発展型ゼロ知能エージェントモデル

　ここで紹介するモデルは，Duffy and Ünver (2006) が，3 章で紹介した Gode
and Sunder (1993, 1997) らによって提案された価格制約付きゼロ知能エージェ
ントモデルを発展させたモデルである。ここで，スライド 4.4 の実験と同様の
設定を考えよう。

4.3.1 　エージェントの行動ルール

　実験では各期の取引は，120 秒間の連続ダブルオークション方式で行われた。
実験では，それぞれの参加者が自分の意思でいつ，どれだけの注文を出すかを
決めるわけであるが，Duffy and Ünver (2006) のモデルでは，**スライド 4.7** に
示すように，各コンピュータエージェントが無作為の順番で毎回 1 つの買い注
文または売り注文を出し，t 期において，これが S 回繰り返されることとなっ
ている。S はモデルのパラメータである。
　t 期において，エージェント i が，s 回目の注文を出す際には，確率 π_t で買

[†]　この実験に関しては，9.7 節でより詳しく説明する。

Duffy and Ünver (2006) のモデル

- **エージェントの行動ルール**
  - 毎期，各エージェントはランダムな順番に S 回行動する。
  - 1回の行動につき，売り注文か買い注文を予算制約のもとで出す。
  - 買い注文を出す確率
    - $\pi_t = \max\{0.5 - \Phi t, 0\}$
    - $\Phi \in [0, 0.5/15)$：パラメータ

スライド **4.7**　Duffy and Ünver (2006) のモデルの設定 1

い注文を出し，残りの確率 $1 - \pi_t$ で売り注文を出す。$\pi_t = \max\{0.5 - \Phi t, 0\}$ で，$\Phi \in [0, 0.5/15)$ はモデルのパラメータである。π_t の定義式から明らかなように，期が進むにつれて (15 期間の市場が終わりに近づくにつれて)，エージェントが買い注文を出す確率は小さくなり，売り注文を出す確率は高くなるようになっている。この仮定は，エージェントにより少しばかり先読み能力を与えていると考えることができる。

　もし，エージェント i が，上記の確率プロセスの結果，売り注文を出すこととなっても，売りに出す資産を保有していなければ売り注文は出さない。同様に，i が買い注文を出すことになっても，現金をまったく保有していなければ，注文を出さないこととする。

　注文を出す際には，希望売却価格 $a_{t,s}^i$ または希望購入価格 $b_{t,s}^i$ を提示する。これらの注文価格は，スライド **4.8** にあるように，前期 ($t-1$ 期) の平均価格 ($\bar{p}_{t-1}$) と $u_{t,s}^i \sim U[0, \kappa F V_t]$ ($\kappa > 0$ はモデルのパラメータである) の加重平

Duffy and Ünver (2006) のモデル

- ## エージェントの行動ルール
  - ### 買い注文（手元に現金があるときのみ）
    - $b_{t,s}^i = \min\{(1-\alpha)u_{t,s}^i + \alpha\bar{p}_{t-1}, x_{t,s}^i\}$
  - ### 売り注文（手元に資産があるときのみ）
    - $a_{t,s}^i = (1-\alpha)u_{t,s}^i + \alpha\bar{p}_{t-1}$
      ここで，$u_{t,s}^i \sim U[0, \kappa FV_t]$，$\bar{p}_{t-1}$は$t$-1期の平均価格，$\alpha, \kappa$はモデルのパラメータである。
  - ### ただし，t=1では，$\bar{p}_{t-1}$が定義されないので
    - $a_{t,s}^i = b_{t,s}^i = u_{t,s}^i$
      である。

スライド **4.8** Duffy and Ünver (2006) モデルの設定 2

均として，それぞれ以下のように決まる。

$$a_{t,s}^i = (1-\alpha)u_{t,s}^i + \alpha\overline{p}_{t-1} \tag{4.1}$$

$$b_{t,s}^i = \min\{(1-\alpha)u_{t,s}^i + \alpha\overline{p}_{t-1}, x_{t,s}^i\} \tag{4.2}$$

$x_{t,s}^i \geqq 0$ は，この時点でのエージェント i の現金保有量である。ただし，$t = 1$ では，前期の平均価格が定義されないので，$a_{1,s}^i = u_{1,s}^i$ および $b_{1,s}^i = u_{1,s}^i$ とする。2期目以降，注文価格が前期の平均価格に依存していることから，このモデルのエージェントには，Gode and Sunder (1993, 1997) のゼロ知能エージェントモデルと比較して，多少の学習能力を備えていると考えてよい。

　エージェントから出されたさまざまな注文は，つぎのように処理される。もし，あるエージェントが買い注文を出した際に，その購入価格が，それまでに出されている最低の売却価格以上の場合は，最低の売却価格にて取引が成立する。また，あるエージェントが売り注文を出した際に，その売却価格が，それま

でに出されている最大の購入価格以下の場合は，最大の購入価格で取引が成立
する。いったん取引が成立すると，取引に関わったエージェントの資産と現金
の所有量は瞬時に更新される。その上で，残りの売り注文の中での最低の売却
価格，残りの買い注文の中での最大の購入価格が次の取引の対象となる。当然
のことながら，エージェントがそれまでに出されている最低の売却価格未満の
価格を出した際は，そのエージェント注文がつぎの取引の対象の売り注文とな
る。買い注文に関しても同様である。各期の取引期間終了時に残っている注文
はすべて削除され，つぎの期は，まったく新しい注文表がゼロから構築される。

4.3.2 NetLogo での実装

それでは，これから，このモデルを実際に NetLogo で実装してみよう。最終
的には，スライド **4.9** で表示されているようなシミュレーション結果が得られ
るはずである。以下では，作図以外の部分に関して段階を追って説明する。

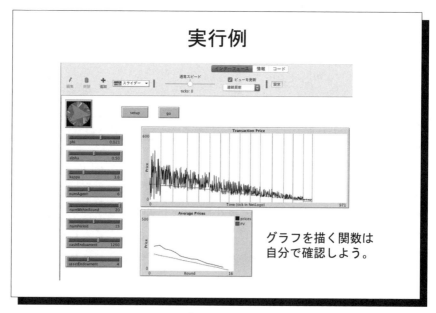

スライド **4.9** Duffy and Ünver (2006) モデルを NetLogo で実装

NetLogoでの実装

- 使用したデータ構造
  - トレーダーエージェント
    - 所持する現金の額
    - 所持する証券の数
    - 買い注文提出時の提出価格
    - 売り注文提出時の提出価格
  - 買い注文表エージェントと売り注文表エージェント
    - 提出価格
    - 出したトレーダーエージェントのID
    - 取引されたかどうか
  - 各期の途中で成立した取引の価格を保存するリスト
  - 各期の平均価格を保存するリスト

スライド **4.10**　用意するデータ構造

　3章で紹介したモデルと違って，今回のモデルでは1人のエージェントが何単位もの証券を取引することが可能であり，かつ，同じエージェントが売り注文を出すときもあれば，買い注文を出すときもある。これら出された注文を記録しておくデータ構造を用意しておく必要がある。そのために，ここでは，**スライド4.10** にあるように，3種類のエージェントを用意する。1つ目はトレーダーエージェント。残り2つは注文を買い注文と売り注文に分けて，それぞれ保存するためのエージェントである†。また，成立した取引に関して，取引価格を保存するためのリストや，各期における平均取引価格を保存しておくリストも用意しておく。

　その他，NetLogo のプログラムインタフェースで定義しているモデルのパラメータの値のほかにも，**スライド4.11** に挙げているさまざまなグローバル変数を定義する。これらには，先に述べた価格を保存するリストや，証券が生み

---

†　当然，これらの注文表を1つのエージェントにまとめてしまうことも可能である。

グローバル変数など

- FV：各期の本質的価値保存用のリスト
- TransactionPrices：取引価格保存用のリスト
- AveragePrices：平均取引価格保存用のリスト
- Div：各期の可能な配当額　[0,20]
- meanDiv：配当額の平均
- maxOrder：κFV_t（最大注文価格）
- AveragePastPrice：p_{t-1}（前期の平均取引価格）
- probBuy：π_t（購入確率）
- period：t（期）
- randomOrder: ランダムにトレーダーエージェントを並べるためのリスト

- 制御用の変数
  - active：現在動いているトレーダーエージェント
  - numBuy：出された買い注文の数
  - numSell：出された売り注文の数
  - numTrade：成立した取引の数

スライド 4.11　グローバル変数およびリスト

出す配当の額のリストやその平均も含まれているほか，プログラム実行上に必要となるグローバル変数もある。

　それでは，先に述べた3種類のエージェントの定義の仕方に関して見てみよう。NetLogo で異なった種類のエージェントを定義する際には**スライド 4.12** にあげているように，breed [type name] という関数を使用する。type としてエージェントの種類の名前をあげ，name でその種類のある特定のエージェントを呼び出す際に用いる名前を使用する。例えば，breed [traders trader] で，traders という種類のエージェントを定義し，traders の中のある特定のエージェントを呼び出すためには trader ID という形で呼び出すことになる。

　また，各種のエージェントに属する変数も breed-own という形で定義する。ここで注意しなければならないのは，NetLogo では，たとえ3種類のエージェントを定義したとしても，プログラム内部ではそれらはすべて上位の統一化し

3種類のエージェント

```
breed [traders trader]
breed [buyOrders border]
breed [sellOrders sorder]

traders-own [cash asset buy sell]
buyOrders-own [price agent traded]
sellOrders-own [price agent traded]
```

- **breed [type name]**
  - type: エージェントの種類
  - name: 1エージェントを呼び出したい際に使う名前（IDで指定）

- **注意点**
  - breedで種類分けはするが，すべてturtlesエージェント
  - nameを使って，それぞれのエージェントを呼び出す際のIDに注意する必要あり（つぎのスライド参照）

スライド 4.12 3種類のエージェントの定義

たエージェントの概念で管理されており，エージェント ID 番号[†]が通し番号で割り当てられるということである。この点に関しては後述するが，その結果として，例えば，traders, buyOrders, sellOrders という 3 種類のエージェントをスライド 4.12 のように，それぞれ，breed [traders trader], breed [buyOrders border], breed [sellOrders sorder] と定義した際に，trader 0 エージェントは存在するのに，border 0 エージェントは存在しないということが発生する。

　では，どのように各エージェントの ID 番号は定義されるのであろうか？これは，どの種類のエージェントをどの順番でそれぞれ何エージェント作成したかによる。**スライド 4.13** を見てみよう。例えば，ここにあるように，traders エージェントを 6, buyOrders エージェントを 10, sellOrder エージェントを 10 だけ，この順番で作成したとしよう。これがすべて同じエージェントとして処理される点はすでに述べた。NetLogo は，作成した順に，0 から順番に ID 番

[†] NetLogo では who という変数に各エージェントの ID 番号が格納されている。

各エージェントのIDの例

- create-traders 6
- create-buyOrder 10
- create-sellOrder 10

という風に３種類のエージェントを作成する
と，各エージェントのIDは

- trader 0〜5
- border 6〜15
- sorder 16 〜25

という具合に，IDは３種類のエージェントを
通じて共通のものとなる。

エージェントのタイプで振り直されないので注意

スライド **4.13**　エージェント ID の割り振り

号を割り当てていくので，trader 0, trader 1, ···, trader 5, そして, border 6, border 7, ···, border 15, さらに, sorder 16, ···, sorder 25, という具合に ID 番号が割り当てられていく。よって，このケースでは，例えば，buyOrders エージェントの最初のエージェントを呼び出す場合は，border 6 として呼び出す必要がある。同様に，sellOrders エージェントの最初のエージェントを呼び出す際には，sorder 16 と指定する必要がある。

それぞれのエージェントを必要な数だけ作成したら，それらが持つ変数の値をスライド **4.14** に示したように初期化しておこう。他のパラメータやグローバル変数の値の初期化に関してはスライド **4.15** を参照しよう。

これでモデルの初期化が完了したので，モデルの実行面のプログラムを見ていこう。今回のモデルは，15 期間を通じて，各期各エージェントがランダムな順番で S 回価格制約に応じて注文を出すという構造になっている。そのために，メインのループはスライド **4.16** に示しているように，3 つのループの入れ子構

エージェント変数の初期化

```
to setup
  clear-all
  reset-ticks

  set-parameters
  create-traders numAgent
  create-buyOrders (numAgent * numWithinRound)
  create-sellOrders (numAgent * numWithinRound)

  set numTrade 0
  set period 0
  set maxOrder ( kappa * (item period FV))
  ask traders [
    ;トレーダーエージェントが持つ各変数の初期化
    set shape "person"
    set cash cashEndowment
    set asset assetEndowment
    set buy random maxOrder
    set sell random maxOrder
  ]
  reset-orderbook
end
```

```
to reset-orderbook
  ;注文表エージェントが持つ
  ;各変数の初期化
  ask buyOrders [
    set price -1
    set agent -1
    set traded -1
  ]

  ask sellOrders [
    set price -1
    set agent -1
    set traded -1
  ]
end
```

スライド **4.14**　エージェント変数の初期化

パラメータなど

```
to set-parameters
  set Div [0 20]
  set meanDiv mean Div
  set TransactionPrices []
  set AveragePrices []
  set AveragePastPrice -1.0
  set FV n-values numPeriod [ i -> meanDiv * (numPeriod - i)]
  set probBuy 0.5
  set randomOrder n-values numAgent [i -> i]
end
```

本質的価値のリスト(FV)について：
n-values numPeriod により，0からnumPeriod-1までの数列がで
きる。それぞれの値を meanDiv * (numPeriod -i) に代入するこ
とで作成している。

スライド **4.15**　グローバル変数の初期化

プログラムの本体

3段階のループ

```
repeat numPeriod [ ;1期当りの動き
    repeat numWithinPeriod [ ; S回繰り返す
        repeat numAgent [
            ; 各エージェントへ命令
            ; 注文を提出する
            ; 注文表を更新する
            ; 取引をチェックする
        ]
    ]
]
```

スライド **4.16**　プログラム実行のループ構造

造となる。

　作成した NetLogo のプログラム上では，この構造は**スライド 4.17** となって
いる。各期の開始時に注文表エージェントの初期化などを行い，その後，S 回
（numWithinRound）の繰返しの最初に，randomOrder というリストの中身
をランダムに入れ替えることによって，今回のループ中に順次起動されるエー
ジェントの順番を変更している。その後，エージェントを 1 人ずつ active にし
たうえで，注文を出させて，取引が可能かどうかチェックしている。

　ここで，先ほど注意を促した各種エージェントの ID の振り方が関係する。**ス
ライド 4.18** に示す各期の変数の初期化を見てみよう。ここで特に注意して欲し
いのは，numBuy と numSell の初期化の仕方である。**スライド 4.19** に示すよ
うに，買い注文が出されるたびに buyOrders エージェントの最初から順に（同
様に，売り注文が出されるたびに sellOrders エージェントの最初から順に）情
報を保存していく。この際に，どのエージェントを呼び出すのかを制御してい

プログラムの本体

```
to go
  ;1つめのループ
  repeat numPeriod [
    reset-orderbook
    initializePeriod
    ;2つめのループ
    repeat numWithinRound [
      set randomOrder shuffle randomOrder
      let i 0;
      ;3つめのループ
      repeat numAgent [
        set active (item i randomOrder)

        （中略）

        set i i + 1
      ]
    ]
    draw-transaction-price
    updateCash
    set period period + 1
  ]
  draw-Average-Prices
end
```

- randomOrder リストの中身を各期の中の*S*回の繰返しの最初にランダムに並び替える（shuffleを使う）

- その後，randomOrderの準備に，active なトレーダーエージェントを1人ずつ定義し，中略の部分のプログラムを実行

スライド **4.17**　プログラム実行のループ構造 2

各期における初期化

```
to initializePeriod
  set maxOrder ( kappa * (item period FV))
  set probBuy max (list (0.5 - phi * period) 0)
  set numBuy count traders
  set numSell (count traders) + (count buyOrders)
  if period > 0 [
    set AveragePastPrice mean TransactionPrices
    set AveragePrices lput AveragePastPrice AveragePrices
  ]
    set TransactionPrices []
end
```

- numBuy とnumSellの値の設定の仕方に注目
- エージェント個別IDは通し番号なので，調整が必要なため

スライド **4.18**　各期の変数の初期化

注文提出

```
ifelse (random-float 1.0 < probBuy )[
    if([cash] of trader active > 0 )[
        ask trader active [
            set-buyOrder          買い注文の値段の設定はモデル
        ]                         の説明通り
        ask border numBuy [
            set price [buy] of trader active
            set agent active      ここで，出された注文を随時
            set traded -1         買い注文表エージェントに保
        ]                         存。エージェントIDに注意
        set numBuy numBuy + 1
        checkTradeBuy
    ]
]
```

売り注文も同様に処理

スライド **4.19**　買い注文の処理

るのが，numBuy と numSell というグローバル変数である。

　今回のプログラムでは，まず traders エージェント，つぎに buyOrders エージェント，そして，sellOrders エージェントの順で作成されているので，buyOrders エージェントの最初の ID は，traders エージェントの数，そして，sellOrders エージェントの最初の ID は，traders エージェントと buyOrders エージェントの総数となる。そのために，count 関数を用いて，それらの値を計算し設定している。

　また，スライド 4.18 には示していないが，各期の最後には各トレーダーエージェントの保有する現金を，実現した配当と期の終わりに保有していた証券の数に応じて更新している。

　スライド 4.19 では，買い注文が出された際の注文表の処理に関してのプログラムを示しているが，売り注文を出す際にも同様に処理される。

　買い注文が出されると，つぎに既存の売り注文との間で取引が可能かどうか

```
to checkTradeBuy            注文表から最低売却価格での売り注文を検索
  let candidate-seller min-one-of (sellOrders with [traded = -1 and price
  >= 0])[price]
  if candidate-seller != nobody [
    let potPrice ([price] of candidate-seller)
    if( [buy] of trader active >= potPrice )[ ;; trade
      set TransactionPrices lput potPrice TransactionPrices;
      ask trader active [
        set cash cash - potPrice
        set asset asset + 1
      ]
      ask trader ([agent] of candidate-seller) [
        set cash cash + potPrice
        set asset asset - 1
      ]
      ask border numBuy [
        set traded 1
      ]
      ask candidate-seller [
        set traded 1
      ]
    ]
  ]
end
```

取引可能であれば，実行し，関与しているトレーダーエージェントの現金と証券の保有額を更新

買い注文表および売り注文表エージェントの情報も更新

売り注文が出された場合も同様にチェック

スライド 4.20　取引のチェック

を確認する必要がある。その処理プロセスを実装したものが**スライド 4.20** に書かれている。

　まず最初に，売り注文エージェントに記録されている取引されていない（trade < 0 の）注文の中で，価格が最低のものを一つ選んでいる。その価格が，今回出された買い注文の価格よりも低いのであれば，その価格に基づいて取引が成立し，取引に関わったトレーダーエージェントの所持する現金と資産を更新する。また，買い注文，売り注文エージェントのそれぞれの該当注文に関しても，取引が完了したことを示すために情報を更新している。

　売り注文が出された際に，買い注文エージェントに記録されている注文を確認して取引を実行するに当たっても同様のプログラムを書くことができる。

　これでプログラムは完了である。モデルの Φ, κ, α そして S の 4 つのパラメータの値をいろいろ変えて，実現する価格の変化を見てみよう。また，ここで紹介したプログラムでは注文を出したトレーダーエージェントに関してのそ

れらが異なったエージェントかどうかのチェックや，同額での注文があった際に，注文が出されたタイミングが早い方を選ぶという処理を行っていない。これらのチェックや処理を行うようにプログラムを改良してみよう。

4.4　発展モデル：3タイプ相互作用モデル

4.4.1　3種類のエージェント

Duffy and Ünver (2006) のモデルでは，すべてのエージェントが同一の単純な行動ルールに従うモデルであった。ここでは，さらなる発展モデルとして De Long et al. (1990) の数理モデルを基に，Haruvy and Noussair (2006) によって提案された3種類のエージェントの相互作用モデルを紹介する。このモデルでは，つぎの3種類（タイプ）のエージェントが市場に混在すると仮定する。

1. 価格が上昇したあとでであたかも価格上昇が継続すると予測しているかのように資産を購入し，逆に価格が下降し始めると価格下落が継続すると予測するかのように売却する**フィードバックトレーダー**

2. 同様に価格が上昇し始めると資産を購入するが，あらかじめわかっている取引期間の後半では価格が上昇中でも売却する**投機的トレーダー**

3. 価格が資産の本質的価値よりも高ければ売却し，低ければ購入する**受け身的トレーダー**

以下，フィードバックトレーダー，投機的トレーダー，受け身的トレーダーの行動ルールを紹介しよう。

4.4.2　エージェントの行動ルール

フィードバックトレーダーの t 期における需要関数は

$$d_t^{FB} = -\delta + \beta(p_{t-1} - p_{t-2}) \tag{4.3}$$

である†。ここで，p_{t-1} および p_{t-2} は，1期前および2期前の平均取引価格，

---

† この需要関数は，d_t^{FB} が正のときは買いの量を表し，負のときは売りの量を表す。

$\delta > 0$ および $\beta > 0$ はモデルのパラメータある。$\delta > 0$ であるので，1期前に観察された平均価格の変化がゼロであった場合に，フィードバックトレーダーは資産を売却しようとする。

受け身的トレーダーの t 期における需要関数は

$$d_t^P = -\alpha(p_t - FV_t) \tag{4.4}$$

p_t は t 期における価格，FV_t は t 期の資産の本質的価値，$\alpha > 0$ はモデルのパラメータである。

最後に，投機的トレーダーの需要関数は

$$d_t^S = \gamma(E(p_{t+1}) - p_t) \tag{4.5}$$

ここで，$E(p_{t+1})$ は投機的トレーダーの1期後の価格の予想，$\gamma > 0$ はパラメータである。この予想がどのように決まるかでモデルの動きは大きく異なる可能性があるが，Haruvy and Noussair (2006) が行ったのは，つぎのような予想決定モデルである。取引期間の最後の2期間の価格予測 ($t+1 = T$ と $t+1 = T-1$) は，$E(p_{t+1}) = FV_{t+1}$ とし，資産の本質的価値と等しいと仮定する。それ以外の期に関しては，すべての期においていったん $E(p_{t+1}) = FV_{t+1}$ と仮定したうえでモデルのシミュレーションを T 期まで走らせ，一度，p_t^* を得る。そのようにして得られた p_t^* を用いて，$E(p_{t+1}) = p_{t+1}^*$ とする。

Haruvy and Noussair (2006) らのモデルでの取引構造は，コール市場方式でも連続ダブルオークション方式でもなく，d_t^{FB} を所与として，$d_t^{FB} + d_t^P + d_t^S = 0$ となるような p_t を見つける構造になっている。また，このモデルには，δ, β, α, γ という4つのパラメータに加えて，3タイプのトレーダーのそれぞれの割合（合計で1になるので，例えば，フィードバックトレーダーと受け身的トレーダーの割合の2つ）の合計6つのパラメータがあるが，Haruvy and Noussair (2006) らは，被験者実験における個々の参加者の取引パターンから，3タイプのトレーダーの割合を推計し，その割合を用いて，シミュレーションと実験で観察された価格の動きが最も近いパラメータの値を選んでいる。

スライド **4.21** は，筆者の1人の共同研究者であるニース大学の Eric Guerci 氏とモンペリエ大学の Sébastien Duchêne が，Haruvy and Noussair (2006) のモデルを再現し作成したものである[†]。パラメータの値は Haruvy and Noussair (2006) と同じく，$\delta = 0.476$, $\beta = 0.129$, $\alpha = 0.7487$, $\gamma = 0.551639$ とした。また，投機的トレーダーの割合が 26.735%，受け身的トレーダーの割合が 34.836%で，残りの 38.429%がフィードバックトレーダーとしている。1回のシミュレーションでは，9人のエージェントのタイプを上記の確率に合わせて無作為に決定している。図の中のモデルシミュレーションの価格は，100回のシミュレーションの中央値を示している。

Haruvy and Noussair (2006) の実験での初期保有と同じく，9人中3人は，225 ECU の現金と3単位の資産，別の3人は，585 ECU の現金と2単位の資産，残りの3人は，945 ECU の現金と，1単位の資産を初期保有として配分

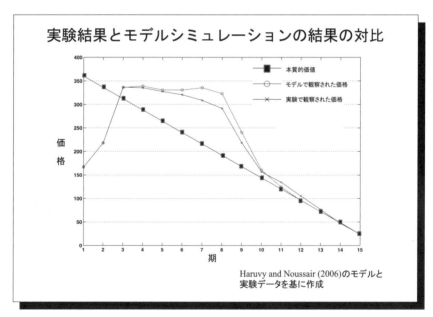

スライド **4.21**　実験結果とモデルシミュレーションの結果の対比

[†]　ただし，彼らはモデルを Matlab で実装し，シミュレーションを走らせている。

されている。配当は，資産 1 単位当り，各期 $\{0, 8, 28, 60\}$ ECU の中からそれ
ぞれ等確率で無作為に選ばれる。15 期最後の配当が支払われたあと，資産は価
値を失うので，t 期の資産の本質的価値は $FV_t = 24(16 - t)$ である。スライド
4.21 中の丸印の線がモデルシミュレーションの結果，× 印の線が実験の結果，
四角印の線は資産の本質的価値を示している。

　本章では，このモデルの NetLogo における実装は紹介しないが，意欲のある
読者はぜひ挑戦してほしい。

5章 より複雑な市場実験とエージェントシミュレーション2

5.1　は じ め に

　4章では，複数期間取引が続く資産市場実験を紹介した。この章では，実験
参加者の価格予測に関しては明示的に扱わなかったが，参加者がどのような価
格で取引をするのかは，彼らが将来の資産価格の予測に依存するであろうこと
は容易に想像することができる。4章で紹介した資産市場実験で，参加者の価
格予測データを集めた実験研究もあるが，それらは，長くても50期間程度の価
格の動きの予測を見ているにすぎない†。より長い期間にわたって価格予測がど
のように変化するのかを分析するには，取引と価格予測の両方を参加者にして
もらう実験では，時間がかかり過ぎて実施が困難である。

　本章で紹介するオランダ，アムステルダム大学の研究グループが近年進めて
いる価格予測実験では，参加者には価格を予測してもらうだけで，取引は各参
加者の価格予測に基づいて合理的に行われると仮定し自動化されている。こう
することで，50期を超えるような長期間にわたっての価格予測の動きを調べる
ことが可能になり，また，このようにして集めたデータに基づいて，参加者が
どのように予測を変化させていったのかというモデルを構築することも可能と
なる。以下，Heemeijer et al. (2009) と Bao et al. (2012) の価格予測実験を
紹介し，これらの実験の結果をうまく再現できるモデルとして注目されている
Anufriev and Hommes (2012) の Heuristics Switching モデルを紹介する。

5.2　価格予測実験

5.2.1　実 験 の 概 要

　オランダ，アムステルダム大学の研究グループが近年精力的に進めてきた価
格予測実験の概要をスライド5.1にまとめた。この実験は，多くの場合，1市
場に6人参加する。

---

†　例えば，Haruvy et al. (2007), Akiyama et al. (2014), Hanaki et al. (2018) などが
　資産市場実験での価格予測の動きを分析している。

実験の説明

- 各参加者は，T 期間を通じて，各期，ある財の市場価格を予測する。
- 財の実際の市場価格は，同じ市場に参加している被験者の価格予想に基づいて決まる。
- 被験者i が受け取る謝金は，T 期間を通じて予想と実際の市場価格との差で決まる。

$$\sum_{t=1}^{T} \Pi_t^i = \sum_{t=1}^{T} \max\left\{1\,300 - \frac{1\,300}{49}(p_t - f_t^i)^2, 0\right\}$$

- p_t：t 期に実現した市場価格
- f_t^i：参加者i がt 期に予測した価格

スライド **5.1**　実験の説明

　各参加者は，T 期間を通じて，各期，ある財の市場価格を予測する。財の実際の市場価格は同じ市場に参加している 6 人の参加者の価格予測に基づいてあとに説明するような形で決定される。参加者が受け取る謝金は，価格予測がどれだけ実現した財の価格に近いかに基づいて，以下の式で決まる。

$$\sum_{t=1}^{T} \Pi_t^i = \sum_{t=1}^{T} \max\left\{1\,300 - \frac{1\,300}{49}(p_t - f_t^i)^2, 0\right\} \tag{5.1}$$

ここで，p_t がt 期に実現した市場価格，f_t^i が参加者 i がt 期に予測した価格である。式からわかるように，実現価格と予測価格の差が 7 より大きいと，その期に獲得できる謝金対象のポイントはゼロとなる。

　Heemeijer et al. (2009), Bao et al. (2012) の実験ともに，正のフィードバック（positive feedback, PF）実験と，負のフィードバック（negative feedback, NF）実験とがあり，それぞれにおいて，t 期の市場価格 p_t はスライド **5.2** に示した価格決定式に基づいて決まる。

市場価格の決まり方

- Heemeijer et al. (2009)
  - $p_t = \dfrac{20}{21}\left(\overline{f_t} + 3\right) + \epsilon_t$ (PF: 正のフィードバック)
  - $p_t = \dfrac{20}{21}\left(123 - \overline{f_t}\right) + \epsilon_t$ (NF: 負のフィードバック)

- Bao et al. (2012)
  - $p_t = FV_t + \dfrac{20}{21}\left(\overline{f_t} - FV_t\right) + \nu_t$ (PF: 正のフィードバック)
  - $p_t = FV_t - \dfrac{20}{21}\left(\overline{f_t} - FV_t\right) + \nu_t$ (NF: 負のフィードバック)

ただし，参加者はこの価格決定式は知らない。

スライド **5.2**　市場価格の決定式

　ここで，$\overline{f_t}$ は，同じグループの参加者の価格予測の平均，$\epsilon_t \sim N(0, 0.25)$ は，平均ゼロ，分散 0.25 の正規分布から各期独立に発生するノイズ項である。また，FV_t は実験のパラメータで，実験者があらかじめ実験中に変化するように設定することで，市場に大きな変化を導入することを可能にするものである。また，$\nu_t \sim N(0, 0.09)$ は，平均ゼロ，分散 0.09 の正規分布から各期独立に発生するノイズ項である。

　正と負のフィードバック実験が，それぞれどのような市場を表現しようとしているのかを考えてみよう。正のフィードバック実験では，市場参加者が価格が上昇すると予測すると，市場価格も同様に上昇するとされ，負のフィードバック実験では，反対に，市場参加者が価格が上昇すると予測すると，市場価格が下落すると仮定されている。

　市場参加者が価格が上がると予測すると，いまは売らないで後日売ろう，または，いま買って将来売ろうとするような市場では，予測価格が高い場合は需

要量が供給量を上回る（超過需要が生じる）ので，市場価格も高くなる。これ
は，正のフィードバック実験で仮定されているような市場で，一般的には資産
市場などが当てはまる。

反対に，市場参加者が価格が高くなると予測すると，よりたくさん売ろう，ま
たは，買い控えしようとするような市場では，予測価格が高い場合は供給量が
需要量を上回る（超過供給が生じる）ので，市場価格が下がる。これが，負の
フィードバック実験で仮定されているような市場であり，一般的に生鮮食品市
場などが当てはまる。

つまり，2 章で紹介した実験で考えていたような市場は負のフィードバック
があるような市場といえる一方，4 章で紹介した実験で考えていたような市場
は（少なくとも最後の数期間を除いては）正のフィードバックがあるような市
場ともいえる。

この実験は，6 章で紹介する美人投票ゲームにおいて，予測するべき数字の
決定式にノイズを追加したうえで，ゲームを繰り返す設定というようにみるこ
とができる。ただ，6 章のゲームと大きく異なるのは，実験に参加する参加者
が，p_t の決定式を知らされていないという点である。本章の実験では，参加者
は 1 期目に 0 から 100 までの間の数字を選び，そのあとは，正の数字であれば，
どのような数字を選んでもよいことになっている。ただし，前述のように，参
加者には，p_t により近い数字を選ぶ金銭的な動機づけが与えられている。

もし，すべての参加者が同様に価格決定式に関しての正しい理解を持ち，合
理的に同じ価格を予測するのであれば，この問題の均衡予測はすべての t と i に
ついて，$p_t = f_t^i (= \overline{f_t})$ となるので，Heemeijer et al. (2009) の実験では，正の
フィードバック，負のフィードバック実験ともに，均衡価格は 60 となり，Bao
et al. (2012) らの実験では，均衡価格が FV_t となることが容易に確認できる。

5.2.2 実 験 の 結 果

最初に実験期間を通じて，均衡価格が変化しない Heemeijer et al. (2009) ら
の実験結果を見てみよう。この実験では，参加者は 50 期間にわたって，価格予

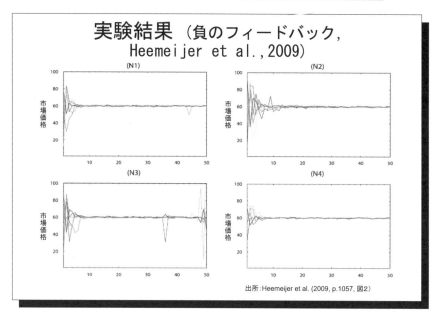

スライド **5.3**　Heemeijer et al. (2009) 負のフィードバックの実験結果の一部

測を行った。t 期の価格を予測する際には，各参加者は自分が t 期までに出した価格予測と実現した価格を参照することができた。

　スライド**5.3**は，負のフィードバック実験に参加した 4 グループで観察された市場価格（黒）とグループ内の 6 人の参加者のそれぞれの価格予測（灰色）の動きを示している[†]。スライド**5.4**では，正のフィードバック実験の結果を同様に示している。スライド**5.3**の負のフィードバック実験では，ほぼすべてのグループにおいて，実験開始後 10 期間以内に，6 人のほぼすべてが均衡価格である 60 に非常に近い価格予測をするようになっていることがわかる。これに対して，スライド**5.4**の，正のフィードバック実験では，実験開始後 10 期間以内にグループ内の参加者の価格予測が市場価格とほぼ一致するようになるが，市場

[†]　この図は実際にはカラーで描かれている。カラーのスライドは，コロナ社の Web サイトから入手可能なので，そちらを参照すること。以下，他のグレースケールの見分けがつきにくいスライドも同様に元画像はカラーで作られているので，サイトを参照のこと。

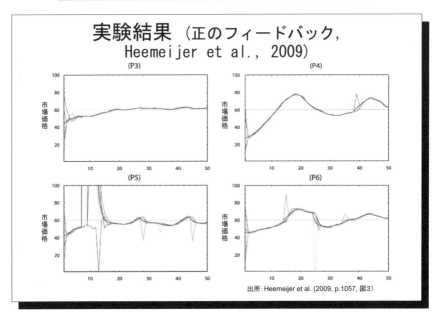

スライド **5.4**　Heemeijer et al. (2009) 正のフィードバックの実験結果の一部

価格は，均衡価格の 60 から大きく乖離し，例えば，P4 や P6 とされているグ
ループにおいては，価格が大きく波打つように変化していることが見て取れる。

　Heemeijer et al. (2009) らの実験の結果から，フィードバックが正なのか負
なのかによって，実験結果が均衡価格からどの程度乖離するかに大きな差があ
ることが示されたわけだが，もし，実験中に市場環境に変化が起こり，均衡価
格自体が変化した場合にも，負のフィードバック実験では，新しい均衡価格へ
短期間に収束する一方，正のフィードバック実験では収束が起こらないのであ
ろうか？実際に市場環境が時折大きく変化することを考えると，ショックのあ
と，新しい均衡価格にどの程度のスピードで収束が起こるのかを理解するのは
重要である。

　つぎに，Bao et al. (2012) の実験を通じてこの問いに対する答えを見てみよ
う。Bao et al. (2012) の実験では，参加者は，合計 65 期間を通じて価格予測
を行う。20 期終了後と 43 期終了後に FV_t の値が変化することを除いては，基

本的には，Heemeijer et al. (2009) らの実験と同じ枠組みで実施されている。
FV_t は1期から20期までは56，21期から43期までは41，44期から65期ま
では60と設定されている。また，参加者は実験中に市場環境が変化する可能
性があることは知らされているが，それがどのタイミングで起こるのか，また，
どのような変化なのかは知らされていない。

　スライド 5.5 は，正のフィードバック実験（左）と負のフィードバック実験
（右）での65期間中に観察された市場価格（実線）と均衡価格（破線）の動き
を示している。ここでは8市場で観察された結果が一つの図の中に示されてい
る。また，破線で示された均衡価格の動きから21期と44期に均衡価格が変化
していることも見て取れる。

　スライド 5.5 の右の図から，Heemeijer et al. (2009) の実験結果と同様に，
負のフィードバック実験では，実験開始後または均衡価格の変化が起こったの
ち短期間の間に，市場価格が均衡価格へ収束していることが見て取れる。それ

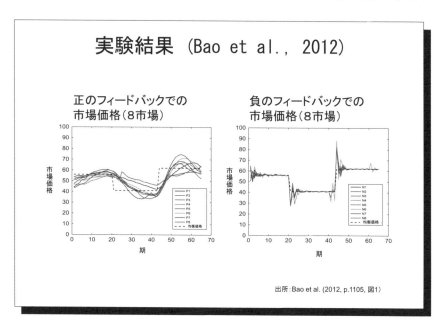

スライド 5.5　Bao et al. (2012) で観察された市場価格

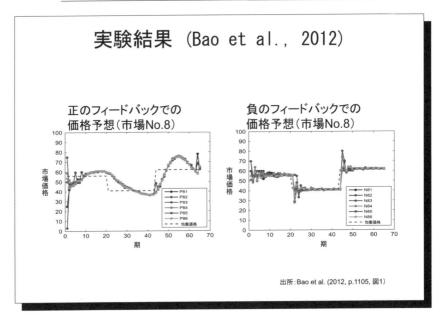

スライド **5.6**　Bao et al. (2012) で観察された価格予測

に対して，左に示す正のフィードバック実験では，市場価格の均衡価格へ収束
は見られない。また，正のフィードバック実験，負のフィードバック実験とも
に，グループ内の6人の参加者の予測は，短期間で市場価格に収束することが，
スライド **5.6** から見て取れる。2つの実験での差は，負のフィードバック実験
では，均衡価格が変化した際（21期および44期），グループ内の参加者の予測
が短期間の間大きくばらつくのに対して，正のフィードバック実験では，その
ようなばらつきが観察されないことである。

　このように市場に存在するフィードバックの違いに応じて，実験結果が異な
ることをうまく再現することを目指したマルチエージェントモデルを以下で紹
介しよう。

5.3 **Heuristics Switching モデル**

ここでは，Anufriev and Hommes (2012) が提案して，Bao et al. (2012) でも
紹介されているマルチエージェントモデルを紹介する。このモデルは，4章で紹介
した，Haruvy and Noussair (2006) の複数タイプモデルと同様，複数の行動ルー
ルが共存し相互作用するようなモデルであるが，Haruvy and Noussair (2006)
がエージェントのタイプは固定であると仮定していたのに対して，Anufriev and
Hommes (2012) のモデルでは，各エージェントは，随時複数の行動ルールのパ
フォーマンスを考えつつ，状況に応じて，よりパフォーマンスが高い行動ルー
ルを選ぶと仮定する。以下では，まず，Anufriev and Hommes (2012) におい
て，それぞれのエージェントが考える代表的な行動ルールを紹介し，そのつぎ
に，それらのルールを随時変化させていくプロセスを考慮したモデルの全体像
を説明する。

5.3.1 代表的な行動ルール（Heuristics）

Anufriev and Hommes (2012) らは，彼らの実施した価格予測実験に参加し
た参加者が用いていると考えられる代表的な行動（価格予測）ルールとして，**ス
ライド5.7** に示す4ルールをあげている。

トレンド追随ルール（TRE）と逆張りルール（CTR）は，容易に理解できる。
前者は価格が上昇していればそれが継続すると予測し，後者は，逆につぎは価
格が下落すると予測する。予測誤差修正ルール（ADA）は，前期の自分の予測
が市場価格より低ければ，今期の価格予測を前期よりも引き上げ，逆の場合は，
引き下げるというものであり，これも比較的容易に理解できる。最後の，アン
カー付きトレンド追随ルール（A&A）は，市場価格は基本的には過去に実現し
た市場価格への収束傾向があると予測する一方で，短期的には直近の価格変化
のトレンドに沿って動くとも予測して，その加重平均をとるというものである。

Anufriev and Hommes (2012) によれば，彼らの実験結果は，$a = 0.9$, $b = -0.3$, $c = 0.85$, $d = 0.5$, $e = 1.0$ というパラメータの値でかなり高い精度で再

代表的な行動ルール
Anufriev and Hommes (2012)

- トレンド追随ルール (TRE)
$$f_t = p_{t-1} + a(p_{t-1} - p_{t-2}), \qquad a > 0$$

- トレンド逆張りルール (CTR)
$$f_t = p_{t-1} + b(p_{t-1} - p_{t-2}), \qquad b < 0$$

- 予想誤差修正ルール (ADA)
$$f_t = f_{t-1} + c(p_{t-1} - f_{t-1}), \qquad c > 0$$

- アンカー付きトレンド追随ルール (A&A)
$$f_t = p_{t-1} + d(\bar{p}_{t-1} - p_{t-1}) + e(p_{t-1} - p_{t-2}),$$
$$d > 0, e > 0, \bar{p}_{t-1} = \frac{1}{t-1}\sum_{k=1}^{t-1} p_k$$

スライド **5.7**　Anufriev and Hommes (2012) らが考える代表的な価格予測ルール

現できるとしている。**スライド 5.8** には，これらのパラメータの値を用いて，Bao et al. (2012) の実験環境ですべてのエージェントがトレンド追随ルール（TRE）を使用していると仮定してシミュレートした結果（丸印）と実際の人間の実験結果（グループ 8，四角印）とを正のフィードバック実験（左）と負のフィードバック実験（右）で対比した結果を示している。同様に，すべてのエージェントがトレンド逆張りルール（CTR）の場合の結果を**スライド 5.9** に示している。

　スライド 5.8 に示されているトレンド追随ルール（TRE）は，正のフィードバック実験（左）では，実験結果を非常によく再現しているが，負のフィードバック実験（右）では，実験結果と比較して価格の振動が大きすぎる。一方で，スライド 5.9 のトレンド逆張りルール（CTR）は，負のフィードバック実験の結果はよく再現できているが，正のフィードバック実験の結果からは少しはずれていることがわかる。

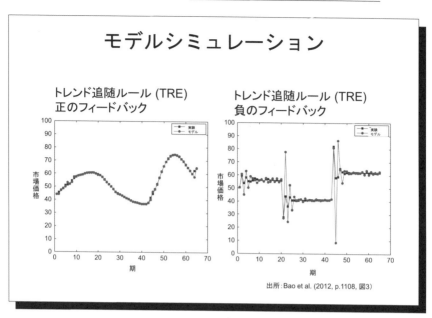

スライド **5.8**　トレンド追随ルールのシミュレーション結果

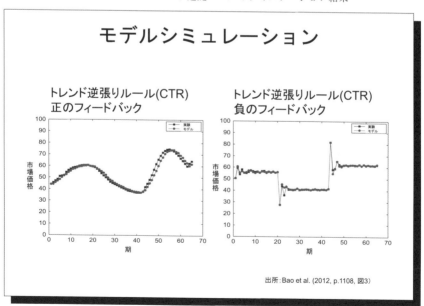

スライド **5.9**　トレンド逆張りルールのシミュレーション結果

つぎに紹介するのは，各エージェントが場合によって，価格予測ルールを変化させていくモデルである。価格予測ルールを変化させることで，単一の価格予測モデルをすべての状況で使うモデルよりも実験結果がよりよく再現できるのは容易に予測できるであろう。

5.3.2 Heuristics Switching モデル

Anufriev and Hommes (2012) の提案した Heuristics Switching モデル（行動ルール変更モデル）では，個々のエージェントは，上述の 4 つの代表的行動（価格予測）ルールをつねに考慮しており，状況によって，そのなかでよりパフォーマンスが高い（この実験では，価格予測モデルが予測する価格と実際の価格の乖離度合いが低いもの）ルールを選ぶというものである。

t 期における，価格予測ルール h のパフォーマンスを

$$U_{t,h} = -(p_t - f_{t,h})^2 + wU_{t-1,h} \tag{5.2}$$

と定義しよう。ここで，すべての h に関して，$U_{0,h} = 0$ である。w はモデルのパラメータであり，Anufriev and Hommes (2012) は，$w = 0.7$ としている。

このモデルは大人数のエージェントを仮定しており，各期エージェントの一部が使用する価格予測ルールを変更していくと考える。t 期において，各価格予測ルール h を選ぶエージェントの割合は

$$n_{t,h} = \delta n_{t-1,h} + (1 - \delta) \frac{\exp(\lambda U_{t-1,h})}{\sum_{j=1}^{4} \exp(\lambda U_{t-1,j})} \tag{5.3}$$

ここで，$\delta \in [0,1]$, $\lambda > 0$, $n_{1,h} = 0.25$ であるが，Anufriev and Hommes (2012) は，$\delta = 0.9$, $\lambda = 0.4$ を用いている。

このモデルをシミュレートした結果を**スライド 5.10** に示す。ここのモデルシミュレーションで用いられたパラメータの値は，Bao et al. (2012) の実験結果をうまく再現するように設定されたものではなく，Anufriev and Hommes (2012) が別の実験結果を再現するために求めたものであることに注意しよう。

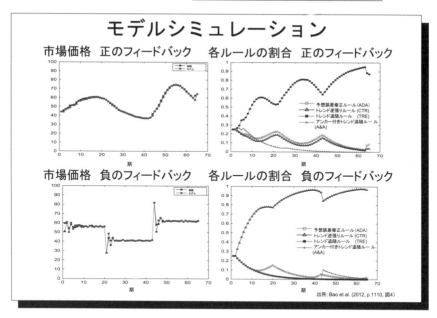

スライド **5.10** Heuristics Switching モデルのシミュレーション結果

スライド 5.10 の上段には正のフィードバック実験，下段には負のフィードバック実験の結果を示す。スライドの左側には，モデル（丸印）と実験（四角印）の市場価格の動きを示しており，右側にはモデルシミュレーションにおいての 4 つの価格予測ルールの使用割合の変化を示す。

　スライド 5.8 やスライド 5.9 でみた単一価格予測ルールに基づいたシミュレーションと比較すると，両方のフィードバック実験で，モデルシミュレーションと実験データとの当てはまりが良くなっていることがわかる。さらに，右側のグラフの価格予測ルールの割合をみると，正のフィードバック実験では，徐々にトレンド追随ルール（TRE）の割合が，負のフィードバック実験では，トレンド逆張りルール（CTR）の割合が高まっていくことがわかる。21 期と 43 期に均衡価格が変わると，ほかの価格予測ルールの割合も少し高まるが，これは，トレンド追随ルール（TRE）やトレンド逆張りルール（CTR）のパフォーマンスが，均衡価格が変わったことでいったん悪化するためである。

本章では，価格予測実験とその実験結果をうまく再現できると注目されている Heuristics Switching モデルを紹介した。興味のある読者は，価格予測実験の z-Tree での実装や，Heuristics Switching モデルの NetLogo での実装にぜひ挑戦してみてもらいたい。

6 章

ゲームの経済実験に参加しよう 1： 美人投票ゲーム

◆本章のテーマ

　本章では，これまで議論してきた市場取引と比べて，より他者のことを考慮した意思決定が必要となるゲーム理論的な状況の経済実験について学ぶ。2 章と同様に，参加者として体験する参加型の形式で説明を行う。ここで行う実験は，美人投票ゲームと呼ばれ，他者の合理性や行動をどの程度読み込むのかを検証する実験である。実験を実際に体験し，そのデータを集計しながら学ぶとよいだろう。そのうえで，美人投票ゲーム実験で観察される結果をうまく説明できる理論モデルとして注目されているレベル K モデル (Nagel, 1995) とその発展系である認知階層モデル (Camerer et al., 2004) を紹介する。

◆本章の構成（キーワード）

◆本章を学ぶと以下の内容をマスターできます

☞　ナッシュ均衡の概念

☞　レベル K や認知階層モデルなどの戦略的思考の度合いの異なったエージェントを考慮したモデル

☞　戦略的な状況の違いとナッシュ均衡からの乖離度合いの関係性を理解する

6.1　は　じ　め　に

本章の説明は，2 章と同様に z-Tree を使って説明を行う。しかし，ここで説明する実験のほとんどは z-Tree を使わなくても紙と鉛筆があれば十分実施可能である。特に，美人投票ゲームは非常に簡単であるので，すぐにどこでもできるであろう。なお，本章の説明に用いたデータは，東京大学大学院工学系研究科の講義で実施した実験の結果である。

6.2　美人投票ゲーム実験

つぎの 3 つの種類のコンテスト形式の実験を行う。それぞれ順番に体験してみよう。

コンテスト 1：参加者はそれぞれ，0 から 100 までの整数の中から数字を 1 つ選ぶ。全員が選んだ数字の平均の 2/3 に最も近い数を選んだ参加者がこのコンテストの勝者となる。なお，最も近い数字を選択した人が複数いる場合には，ランダムで 1 人が選ばれる。

ルールは以上である。それでは実験を開始しよう。よく考えて数字を選んでみよう。選択する数字が決まったら，z-Tree の画面（**スライド 6.1**）で入力しよう。

コンテスト 2：参加者はそれぞれ，0 から 100 までの整数の中から数字を 1 つ選ぶ。20 に全員の平均の 2/3 を加えた値に最も近い数を選んだ参加者がこのコンテストの勝者となる。なお，最も近い数字を選択した人が複数いる場合には，ランダムで 1 人が選ばれる。

それでは実験を開始しよう。同じように，z-Tree の画面で選んだ数字を入力しよう。

コンテスト 3：参加者はそれぞれ，0 から 100 までの整数の中から数字を 1 つ選ぶ。100 から全員の平均の 2/3 を引いた値に最も近い数を選んだ参加者が

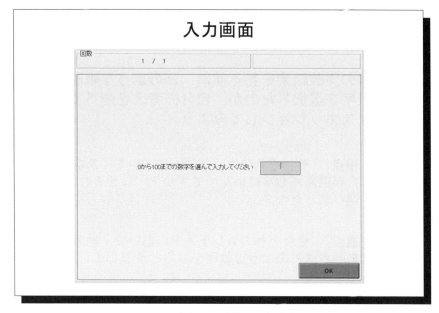

スライド **6.1**   実験の入力画面

このコンテストの勝者となる。なお，最も近い数字を選択した人が複数いる場合には，ランダムで1人が選ばれる。

　それでは実験を開始しよう。同じように，z-Tree の画面で選んだ数字を入力しよう。

6.3　このゲームの背後にある考え方

　結果はどうだっただろうか？　勝者になれただろうか？　実験結果の詳細を見る前に，それぞれのコンテストにおいて，どのような戦略で数字を選んだのか，実験に参加したほかの参加者とディスカッションをしてみよう。論点は，**スライド6.2**に示した，2つのポイントで議論するとよい。

　これらのコンテストは，一般に美人投票ゲームといわれる。そのように呼ばれる理由は，ジョン・メイナード・ケインズの代表的著書「雇用・利子および

ディスカッション

実際の実験結果を見る前に，どのような戦略で数字を選択したのか，自分の考えを述べて，ディスカッションしてみよう。

✓**論点1**：それぞれのコンテストにおいて，あなたが選んだ数字はいくつですか？　なぜそれを選びましたか？

✓**論点2**：それぞれのコンテストにおいて，他の被験者はどのような戦略を取ると予想しましたか？

スライド 6.2　*ディスカッション*

貨幣の一般理論」(Keynes, 1936, Ch.12) の中で，株式市場における投資家の行動パターンが，イギリスの新聞紙上で行われていた美人投票に非常に似ているという例え話からきており，このゲームの構造はそのエッセンスをうまくとらえているからである。

　ケインズが例え話として用いた美人投票とは，新聞紙上に掲載された 100 人の女性の写真を見て，最も美しい人を選び出し，最も獲得票の多かった写真に投票した人に賞金を与えるというものであった。この美人投票で参加者が賞金を獲得するためには，自分が最も美しいと思う女性に投票するのではなく，最も多くの人が最も美しいと思うであろう女性に投票しなければならないことは容易に想像できる。もう一歩踏み込んで考えれば，「最も多くの人が『最も多くの人が最も美しいと思うであろうと思う女性に投票している』と考えて投票している女性」に投票する人もいるかもしれない。さらには，もう一段階先まで考えて投票している人もいるかもしれない。ケインズはこのアナロジーを用い

て，株式市場における投資行動にも同様の要因が存在することを指摘した。つ
まり，株式市場に参加している投資家は必ずしも自分の情報に基づいて投資先
を決めているのではなく，他の投資家がどのように投資するだろうかばかりを
考えて投資先を決めている可能性があり，そのために株価が企業の価値を正確
に反映しない可能性が高いことを指摘したのである。

　美人投票ゲームの経済実験を行い，最初にその結果を論文誌で発表したのが
Nagel (1995) である。彼女が用いた設定は，コンテスト 1 そのものであった。
コンテスト 2 とコンテスト 3 の設定は，その後 Sutan and Willinger (2009) に
よって用いられた設定である。次節ではこれらのゲームにおける理論解である
ナッシュ均衡について，次々節では関連する行動モデルについて説明する。

6.4　均 衡 分 析

　まず，理論的な観点からこのコンテストにおけるプレイヤーの行動について
考えよう。これらのコンテストは，通常はゲーム理論の枠組で捉えられること
が多い。そこでは，最も基本的な解概念としてナッシュ均衡が用いられるが，
各プレイヤーの完全な合理性，ゲームのルールなどの情報完備性，さらに，合
理性の共有知識（common knowledge of rationality）などの仮定を前提とし，
理論的な行動の予測として，ナッシュ均衡のような理論解が導出される。この
ような極端な仮定が置かれるため，実際の人間がプレイすると，必ずしも理論
が示す解と同じ結果になるとは限らない。しかし，極端な場合の理論的な基準
として，ゲーム理論における均衡解を考えることは重要である[†]。

　ゲーム理論における基本的な均衡概念であるナッシュ均衡は，一般的に以下
のように定義される。

『定義 1. プレイヤーの集合を $N \equiv \{1, 2, \cdots n\}$，プレイヤー $i \in N$ の戦略の集合
を S_i，各プレイヤーの戦略の組（戦略プロファイル）を $s \in S_1 \times S_2 \times \cdots S_n \equiv S$,

---

[†]　ゲーム理論の入門的な教科書としては，例えば，岡田 (2014) や渡辺 (2008) があるの
　　で，より詳しく学びたい読者はそれらを参照すること。

利得関数を $f_i : S \to \mathbb{R}$ とする。戦略プロファイル s^* が以下を満たすとき，ナッシュ均衡であるという。

$$\forall i \in N, \quad \forall s_i \in S_i, \quad f_i(s^*) \geq f_i(s_i, s^*_{-i}) \tag{6.1}$$

ただし，s_{-i} はプレイヤー i 以外の戦略の組を表し，(s_i, s_{-i}) は単に $(s_1, s_2, \cdots s_n)$ の別表記である。』

　この定義は，他のプレイヤーがナッシュ均衡戦略を取っているのであれば，それぞれのプレイヤーはナッシュ均衡戦略以外の戦略をとっても，ナッシュ均衡戦略を取る場合と比べてより高い利得を得ることはできないので，ナッシュ均衡戦略から逸脱する動機を持たないことを表している。

　さて，この 3 種類のゲームにおけるナッシュ均衡を導出すれば，スライド **6.3** のようになる。

　コンテスト 1 の全員が 0 を選択することが，本当にナッシュ均衡の状態である

ナッシュ均衡

- **コンテスト1：**
  すべてのプレイヤーが<u>0を選択する</u>

- **コンテスト2：**
  すべてのプレイヤーが<u>60を選択する</u>

- **コンテスト3：**
  すべてのプレイヤーが<u>60を選択する</u>

スライド **6.3**　各コンテストのナッシュ均衡

か確認してみよう。全員が 0 をとると，当然，(平均)×2/3 = 0 となり，全員が
ターゲットとなる数値に最も近い値を選択している状態になっている。例えば，
10 人でこのゲームをプレイしているとして，あるプレイヤーがこの状態から逸
脱する（1 以上の数をとる）場合を考えてみよう。もし，1 を選択したら，(平均
値) = 0.1 であり，ターゲットの数値は 0.1 × 2/3 = 0.066··· となるため，コン
テストに敗れてしまう。一方で，100 を選択した場合でも，10 × 2/3 = 6.66···
となり，やはり敗れることになる。0〜100 のどの数字をとっても，他のプレイ
ヤーが 0 を取っている状態では，ターゲットの数字から離れることになり，コ
ンテストに敗れてしまう。つまり，誰も 0 の選択から逸脱する動機を持たない
ことがわかる。

　つぎに，コンテスト 2 のナッシュ均衡を見てみよう。先ほどの例と同様に，
10 人でプレイしており，全員が 60 を選択した状態から，あるプレイヤーが逸
脱することを考えてみる。ナッシュ均衡の状態では，20 + (平均)×2/3 = 60
となり，全員がターゲットの数値に最も近い状態である。60 から下げる場合，
例えば 59 をとればターゲットの数字は 20 + 59.9 × 2/3 = 59.933··· となり，
61 をとれば 20 + 60.1 × 2/3 = 60.066··· となり，いずれにせよ敗れてしまう。
また，0 を選択しても 56，100 を選択した場合も 62.66··· となり，やはり逸脱
する動機がないことがわかる。

　同様にして，コンテスト 3 を考える。例えば，60 から逸脱し，59 を取った場
合はターゲットの数値は 60.066··· となり，61 を取った場合は 59.933··· と
なる。また，0 ならば 64，100 だと 57.33··· となり，逸脱する動機がないこと
が確認できる。

　以上のように，スライド 6.3 で示された状態は，確かにナッシュ均衡である
ことが確認されたが，実験では実際の人間はそのような理論どおりの選択を行
うとは限らない。つぎの節では，実際の実験結果を見ながら，そのような人々
の実際の行動を説明する行動モデルについて説明する。

6.5	**行動モデル 1：レベル K モデル**

スライド **6.4** にコンテスト 1 の実験結果を示す。選んだ数字を横軸に，その人数を縦軸に示している。0 を選んだ人が最も多い結果となったが，33 や 22，10 にも比較的大きなピークが見られる。

先ほどのディスカッションではどのような意見が出ただろうか？ 一般に，33 を選んだ人は，「他の参加者が 0 から 100 の間で数字を適当に選ぶとすると平均は 50 になるので，その 2/3 に最も近い整数である 33 を選んだ。」といった理由を述べることが多い。また，22 を選んだ人の多くは，その理由として「他の多くの参加者が，（0 から 100 の平均の）50 の 2/3 である 33 を選ぶとすると，平均が 33 になるので，その 2/3 である 22 を選んだ。」と述べる。もう一歩先まで考えて，15 を選んだ人もいるだろうし，さらに，10 を選んだ人もいるだろう。なお，スライド 6.4 の結果では 0 を選んだ人が最も多かったが，その理由

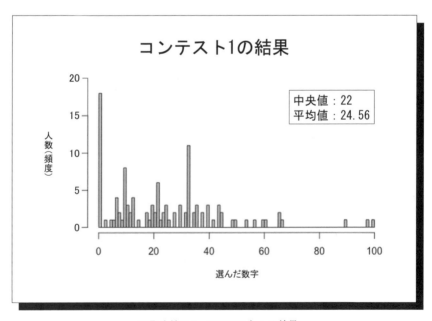

スライド **6.4** コンテスト 1 の結果

は 0 がナッシュ均衡であることを事前に知っている参加者が多かったからだと思われる。これまでに多くの研究者がこの実験を行っているが，多くの人は 33 や 22 でストップする傾向にあることが示されている。

　この実験で示された行動を説明するために，レベル K モデルが Stahl and Wilson (1994) や Nagel (1995) によって提案されている。このモデルでは，意思決定主体（以下，エージェント）の戦略的な思考の深さに違いがあると仮定し，思考の浅いエージェントから順にレベル 0，レベル 1，レベル 2 などと呼ぶ。レベル 0 エージェントは，0 から 100 までの数字の中で適当な数字（例えば，自分の好きな数字，自分の誕生日の数字，自分の携帯番号の最後の 2 桁の数字）を選ぶものと仮定する。その上で，レベル 1 エージェントは，自分以外のエージェントはすべてレベル 0 であると考え，レベル 0 が選ぶ数字の平均である 50 の 2/3 に最も近い数字である 33 を選ぶものとモデル化される。レベル 2 のエージェントは，自分以外のエージェントはすべてレベル 1 であると考え，レベル 1 のエージェントが選ぶ 33 の 2/3 である 22 を選ぶ。レベル 3 以上も同様に，他のすべてのエージェントは自分よりも 1 レベル下であると仮定して，数字を選ぶという行動モデルである（**スライド 6.5**）。

　レベル K モデルでは，もし，すべてのエージェントがレベル無限大であれば，すべてのエージェントはゼロを選ぶことになる。つまり，すべてのエージェントがレベル無限大である場合に，ナッシュ均衡の状況と一致する。つまり，このレベル無限大の状況は，ナッシュ均衡が前提とするプレイヤーの合理性に対する共有知識が成立している状況と合致するものである。なお，合理性の共有知識が成立しているというのは，つぎのような状況である。便宜上，E を「すべてのエージェントは合理的である」と定義しよう。すべてのエージェントは E を知っている，かつ，すべてのエージェントは E を知っているということをすべてのエージェントが知っている，かつ，すべてのエージェントは E を知っているということをすべてのエージェントが知っているということをすべてのエージェントが知っている，かつ，… のように，この構造が無限回繰り返される状態をいう。

レベルKモデル

- 33の選択の理由：
  他の参加者の選択が一様で，その平均は<u>50と考え</u>
  <u>れば</u>，その2/3は33 → **レベル1**
- 22の選択の理由：
  他の多くの参加者の選択が <u>33と考えれば</u>，その
  2/3は22 → **レベル2**

> 戦略的な思考の深さの違いを表現し，思考の浅いエージェントから順にレベル0，レベル1，レベル2，・・・と呼ぶ。

レベルKモデルとは，他のすべてのエージェントは自分よりも1レベル下であると仮定して，数字を選ぶという行動モデル

スライド 6.5 レベル K モデル

6.6 戦略的環境の影響

つぎに，コンテスト2とコンテスト3について考えよう。$\bar{x}$ をすべての参加者が選んだ数字の平均であるとすると，コンテスト2では，$20 + 2\bar{x}/3$ に最も近い数字を選んだ人が勝者となり，コンテスト3では $100 - 2\bar{x}/3$ に最も近い数字を選んだ人が勝者となる。つまり，コンテスト2の場合，ほかの参加者が大きい数字を選ぶ（$\bar{x}$ が大きい）と予想すると，自分はさらに大きい数字を選んだほうがよいことになる。一方，コンテスト3では，ほかの参加者が大きい数字を選ぶ（$\bar{x}$ が大きい）と予想すると，自分は逆にもっと小さい数字を選んだほうがよいことになる。じつは，このコンテスト2とコンテスト3は，5章で紹介した価格予想ゲームの正のフィードバック実験と負のフィードバック実験と同じような違いがあるのである。ゲーム理論の枠組みでは，コンテスト2には戦略的補完性があるといい，コンテスト3には**戦略的代替性**があるという。

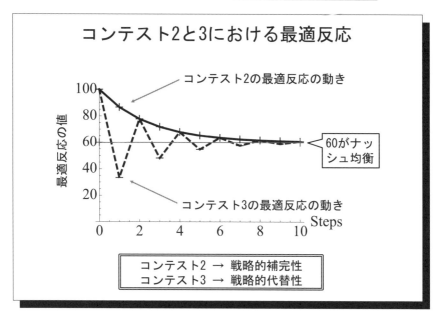

スライド **6.6**　コンテスト 2 と 3 における最適反応の動き

　スライド **6.6** は，これらのゲームにおいて，最初に他の参加者全員が 100 を
選ぶと仮定した際の最適反応[†1]を段階別に示している。水平な直線で示されて
いるのはナッシュ均衡解である 60，実線がコンテスト 2 の最適反応の動き，破
線がコンテスト 3 での最適反応の動きを示している[†2]。コンテスト 2 の場合，
全員が 100 を選択しているなら（Step=0 のときの点），ターゲットの数値は
$20 + 100 \times 2/3 = 86.66 \cdots$ となるため，もし他のプレイヤーが行動を変えな
いとすると，この数字を選択すれば勝者になれる。この 86.66 が Step=1 のと
ころにプロットされている。今度は全員が 86.66 をとるものと仮定し，同じよ
うに繰り返して描いたものが実線で示されるコンテスト 2 の最適反応の動きの
折れ線である。コンテスト 3 も同様にして描いたものである。コンテスト 2 で

[†1] 最適反応とはゲーム理論における用語であり，ゲームにおいて他のプレイヤーの戦略を
固定したときに，自分の利得を最大化する戦略のことをいう。

[†2] これは，グループが十分大きく，各参加者が自分が選ぶ数字が平均値（$\bar{x}$）に与える影響
は無視できると考えていると仮定しての**最適反応**である。または，後述の Sutan and
Willinger (2009) の実験のように $\bar{x}$ の中に自らが選んだ数字を含まない場合である。

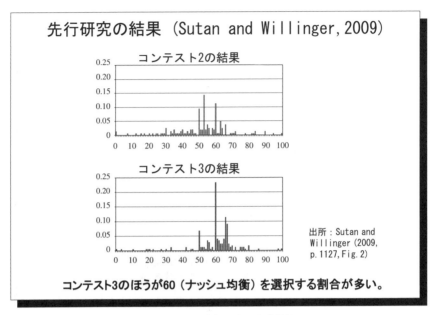

スライド **6.7**　先行研究の実験結果 1

は，ナッシュ均衡へ上から徐々に近づいていくのに対して，コンテスト 3 では，ナッシュ均衡を挟んで，ジグザグな形で最適反応が均衡に近づいていくことが見て取れる。

　スライド **6.7** に Sutan and Willinger (2009) で報告されているコンテスト 2 と 3 の結果を示す†。コンテスト 3 のほうが，コンテスト 2 に比べて，ナッシュ均衡解である 60 に近い数字を選んでいる参加者の割合が高いということが示されている。

　さらに，スライド **6.8** で，Hanaki et al. (2019) で報告されているコンテスト

---

†　ただし，Sutan and Willinger (2009) の実験では，上述のコンテストと少し違い，勝者を選ぶ基準となる数字 $20 + 2\overline{x}/3$ および $100 - 2\overline{x}/3$ の定義の $\overline{x}$ が，グループ内の自分以外の参加者が選んだ数字の平均となっている。また，彼らの実験では，1 グループ 8 名で実験している。さらに，各参加者はコンテスト 2 か 3 のどちらかに，1 回だけしか参加できないようにコントロールされている。

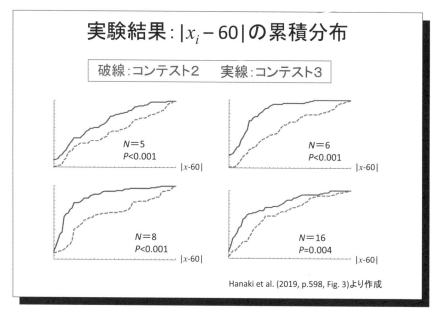

スライド **6.8**　先行研究の実験結果 2

2 と 3 の比較の結果を示す†。これらの図では，参加者が選んだ数 (x_i) のナッ
シュ均衡からの乖離（$|x-60|$）の累積分布を，コンテスト 2 は破線で，コンテ
スト 3 は実線で示している。1 グループの人数 (N) を 5 人，6 人，8 人，16 人
と変化させても，コンテスト 3 で観察された（$|x_i-60|$）の累積分布が，コン
テスト 2 で観察されたそれよりも左にあるのが見て取れる。つまり，コンテス
ト 3 で選ばれた数字がコンテスト 2 で選ばれた数字よりもナッシュ均衡に近い
という結果が観察されている。

　コンテスト 1 の結果をうまく説明できたレベル K モデルであるが，コンテ
スト 2 と 3 の結果の違いは同モデルで簡単に説明することができない。**スライ
ド 6.9** の，Table 1 は，レベル 0 が平均して 50 を選ぶという仮定の下でレベル
1 から 4 までの各レベルのエージェントが選ぶ数字（x）とその 60 からの乖離

---

† 　Hanaki et al. (2019) でも，Sutan and Willinger (2009) 同様，勝者を選ぶ基準とな
　る数字 $20+2\bar{x}/3$ および $100-2\bar{x}/3$ の定義の $\bar{x}$ が，グループ内の自分以外の参加者
　が選んだ数字の平均となっている。

レベルKモデルと認知階層モデルの比較

Table 1: レベルKモデル

コンテスト		$k=1$	$k=2$	$k=3$	$k=4$	
2	x	53.33	55.56	57.04	58.02	
	$\|x-60\|$	6.67	4.44	2.96	1.98	差が
3	x	66.67	55.56	62.96	58.02	ない
	$\|x-60\|$	6.67	4.44	2.96	1.98	

Table 2: 認知階層モデル

コンテスト		$k=1$	$k=2$	$k=3$	$k=4$	
2	x	53.33	54.81	55.51	55.82	
	$\|x-60\|$	6.67	5.19	4.49	4.18	コンテス
3	x	66.67	59.26	69.75	59.84	ト3のほう
	$\|x-60\|$	6.67	0.74	0.25	0.16	が良い

Hanaki et al.(2015, 表1)を基に作成

スライド **6.9** レベル K モデルと認知階層モデルの比較

（$|x-60|$）をまとめている。もし，参加者のレベルの分布がコンテスト2とコンテスト3で同じであれば，レベル K モデルが予測するのは，選ばれた数字のナッシュ均衡からの乖離（$|x-60|$）の分布も，両者で同じになるというものである。

　Hanaki et al. (2019) は，レベル K モデルでは説明できないこの結果が，Camerer et al. (2004) がレベル K モデルを発展させて提案した認知階層モデルでは説明が可能であること示した。次節では認知階層モデルについて説明する。

6.7　行動モデル２：認知階層モデル

　このモデルでは，レベル K モデル同様，エージェントの戦略的な思考の深さに差があると仮定するが，レベル K モデルとは異なり，レベル2以上のエージェントは，自分以外は，自分のレベル未満（レベル2であれば，レベル1か

レベル0）のどれかのレベルだと仮定して，最適反応をすると考える。例えば，レベル2のエージェントは，自分以外のエージェントのうち1/3がレベル0，残りの2/3がレベル1と仮定したうえで，彼らの選ぶ数字の加重平均である$50*(1/3)+33*(2/3)=38.67$の2/3に最も近い26を選ぶとする。同様に，レベル3は，他のエージェントが，レベル0，1，2のどれかと仮定して同様に数字を決めることとなる。各レベルのエージェントがどの程度存在するのかは，本来は実際にデータを取ってみないとわからないが，Camerer et al., (2004) は，参加者の思考レベルの分布はポアソン分布で近似できるとし，その上で，レベル2以上のエージェントは，全員，自分のレベル未満のエージェントの分布をモデルで仮定された同じポアソン分布に従うと考えると仮定することで，モデルを単純化している（このモデルをポアソン認知階層モデルと呼ぶ）。

　スライド6.9のTable 2では，Table 1で示されているレベルKモデルと同様に，レベル0が平均して50を選ぶという仮定の下で，ポアソン認識階層モデル（平均レベル2）に基づいて各レベルのエージェントが選ぶ数字（x）とその60からの乖離（$|x-60|$）を示している。

　認知階層モデルではコンテスト3での数字の均衡解からの乖離がレベル2以上のエージェントに関しては，コンテスト2よりも小さくなっていることがわかる。認知階層モデルでは，レベル2のエージェントは他のエージェントがレベル0か1のどちらかであると仮定し，レベル0と1の選ぶ数字の加重平均に対して最適反応をするのに対して，レベルKモデルではレベル2のエージェントは他のエージェントをレベル1と仮定して最適反応をすることを思い出してほしい。加えてコンテスト3では，レベルが上がるに従って，最適反応が均衡解をまたいでジグザグに動いていたことも思い出してほしい。つまり，コンテスト3では，レベル0が均衡解よりも小さい数字を選ぶのであれば，レベル1は均衡解よりも大きい数字を選ぶことになる。よって，レベル0とレベル1の選ぶ数字の加重平均は，均衡解である60に近い数字となり，それへの最適反応も均衡解に近いものとなるのである。一方で，コンテスト2では，最適反応プロセスにそのような性質はないので，レベル0とレベル1の選ぶ数字の加重平

均をとっても，均衡解に近づくことはない。Hanaki et al. (2019) は，ここで数値例として示した結果が，より一般的に成り立つことを証明している。

　このように，戦略的補完性/戦略的代替性といった戦略的な状況の違いによって，理論的な解（ナッシュ均衡）と実際の参加者の行動との乖離が大きくなったり小さくなったりする可能性があるが，エージェントの戦略的思考の深さを考慮した適切な行動モデルにより，観察される人間の振舞いをうまく説明できる。

7章 ゲームの経済実験に参加しよう2：公共財ゲーム

◆本章のテーマ

本章では，公共財ゲームと呼ばれるゲームの実験を体験する。本ゲームにおけるナッシュ均衡の説明を行い，実際の人間は必ずしも理論どおりに行動しないことがあることを示す。本章の後半では，実験における繰返し設定の違いについて解説する。最後には，応用的な公共財ゲームとして，処罰可能なオプションがある場合の実験について紹介する。

◆本章を学ぶと以下の内容をマスターできます

☞　公共財ゲームのナッシュ均衡

☞　実験中に参加者が同じゲームを繰り返す場合の注意点

☞　同じ実験設定でも実験実施場所によって結果が大きく異なる可能性

7.1　は　じ　め　に

　ここでは，**公共財ゲーム**と呼ばれるゲーム理論的な状況の実験を体験してみ
よう。6 章で考察した美人投票ゲームでは，グループ全体で生じる利得が選ば
れた数字によらず一定であった（勝者のうちの 1 人が賞金を得て，残りはゼロ）
のに対して，このゲームでは，グループ全体として得ることができる利得が各プ
レイヤーの選択に依存する。特に，このゲームでは，個人的な利得を最大にしよ
うとして各自が行動すると，グループ全体としては利得が下がってしまうとい
う社会的ジレンマをうまく表したゲームであり，その実験は歴史が古く，これ
までに世界中で数多くの実験が行われてきている。先行研究のまとめは，例え
ば，Ledyard (1995) や Plott and Smith (2008, Ch.82-90) を参照してほしい。

7.2　公共財ゲーム実験

　つぎのような設定の異なる 2 種類の実験を続けて行ってみよう†。

　〔1〕**実　験　1**　　4 人 1 組として，実験が行われる。まず，各参加者は
最初に 40 ECU の現金を持っており，あるプロジェクトへ投資するかどうかの
意思決定に直面する。その現金をそのまま保持することもできるが，保有する
現金から好きな額をプロジェクトに投資してよい。そして，全員の投資額合計
が 1.6 倍され，それぞれの投資額に関係なく，その額を 4 人全員で平等に等分
した額がリターンとして配分される。つまり，各参加者の最終的な利益は以下
の式で表される。

$$(利益) = 40 - (あなたの投資額) + \frac{1.6}{4} (全員の投資額合計) \qquad (7.1)$$

以上の手続きを 1 ピリオドとして 20 回繰り返す。なお，各ピリオドの最初
に 40 ECU の現金が配られ，前ピリオドまでに得た利益は投資には使えないも

---

†　もし講義時間に余裕が無い場合は，実験 1〜2 の繰返し回数をそれぞれ 10 回に短縮す
　るとよいだろう。

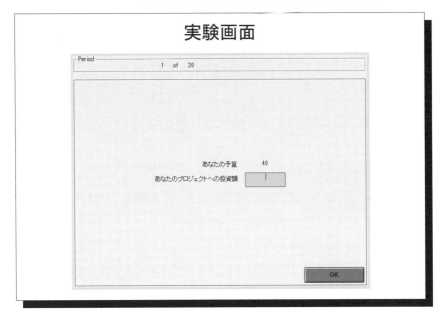

スライド **7.1** 実験画面

のとする。

それでは，スライド **7.1** に示す画面で，投資額を入力して実験をスタートしよう。

〔**2**〕実 験 **2**　全員の投資額合計が 6.4 倍されて，4 人に等分される。それ以外は実験 1 とまったく同じ設定である。最終的な利益は以下の式となる。

$$(利益) = 40 - (あなたの投資額) + \frac{6.4}{4} (全員の投資額合計) \qquad (7.2)$$

7.3　背後の理論とナッシュ均衡からの逸脱

このようなゲームは，プロジェクトが生み出す利益がグループ内の参加者に分け隔てなく分配されるので，ローカルな公共財への貢献ゲーム（公共財ゲーム）と呼ばれている。今回の 2 つの実験は Burton-Chellew and West (2013)

によって実施された公共財ゲームの実験設定の一部を採用している。

今回の実験設定において，グループの人数を N，投資額合計の倍率を α，プレイヤー i の投資額を x_i とすれば，このゲームで得られるプレイヤー i の利益は以下のように表される。

$$\pi_i = 40 - x_i + \frac{\alpha}{N} \sum_{j=1}^{N} x_j = 40 - (1 - \frac{\alpha}{N})x_i + \frac{\alpha}{N} \sum_{j \neq i} x_j \qquad (7.3)$$

ここで，$\sum_{j \neq j} x_j$ はプレイヤー i を除くグループ内の他のプレイヤーの投資額合計を表している。以下では，α と N のパラメータに関連づけながら，公共財ゲームにおけるプレイヤーの行動について考える。

このゲームは，2.5 節の発展的な実験として示した正の外部性がある場合の市場取引と同じような構造を持っている。スライド **7.2** を見て欲しい。個人の観点からすると，式 (7.3) からわかるように，プロジェクトに 1 ECU を投資しても自分に戻ってくるのは (α/N) ECU であるから，実験 1 $(\alpha = 1.6, N = 4)$

スライド **7.2** 公共財ゲームのナッシュ均衡と参加者の振舞い

のように $\alpha/N < 1$ である限り，グループの他の参加者がどれだけプロジェクトに投資しているかに関係なく，プロジェクトに投資しても十分な個人的な利益は得られないことになる。よって，すべてのメンバーがプロジェクトには投資しないというのが，$\alpha/N < 1$ の場合のナッシュ均衡となる。しかし，プロジェクトへの投資によって，グループの他の参加者に対してもリターンがもたらされる。$\alpha > 1$ なので，グループ全体からみれば，すべてのメンバーがプロジェクトに手持ちの 40 ECU すべてを投資するのが望ましい。つまり，ここでは個人の利得最大化とグループ全体としての利得の最大化の間に緊張関係（社会的ジレンマ）が生じている。

実験1のような状況（$\alpha/N < 1$，かつ，$\alpha > 1$）が仮定された多くの実験で，ナッシュ均衡は投資しないことであるにもかかわらず，参加者は手持ちの現金の平均 40%から 60%をプロジェクトに投資することが観察されてきた。ただし，プロジェクトへ投資される手持ちの現金の割合が，ゲームを繰り返すことで徐々に下がっていくこともよく知られている。

一方で，実験2（$\alpha = 6.4$, $N = 4$）は設定ではどうだろうか？この場合は，$\alpha/N > 1$ なので，個人的にもプロジェクトに手持ちの現金を全額投資することが合理的であることがわかる。よって，すべてのプレイヤーが全額投資するというのが，ナッシュ均衡となる。しかしながら，必ずしもすべての参加者が現金を全額プロジェクトに投資するわけではないことも，いくつかの実験によって (例えば Saijo and Nakamura, 1995, Burton-Chellew and West, 2013) 示されている。

7.4　実 験 結 果

スライド **7.3** に実際の実験の結果を示す。なお，実験結果のデータは，東京大学大学院工学系研究科で行われた講義内で実施した実験によるものである[†]。

前節で述べたとおり，実際の人間はナッシュ均衡のように極端な値をとらな

[†] 講義時間の都合上，この実験は 10 ピリオドで終了した。

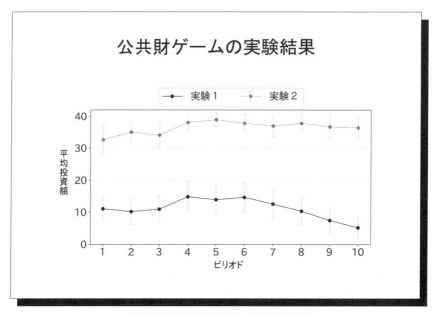

スライド **7.3**　公共財ゲームの実験結果

いことがわかる。平均的には，40～60％の値をとるとよくいわれるが，今回の
実験結果は，それよりも少し低い値となっている。スライド7.3の結果は，東
京大学大学院工学系研究科で講義中に行ったものであるため，この研究科の学
生特有のものである可能性もあるし，また，実験報酬も与えていないため，参
加者の動機付けが適切に統制されていないことも，影響している可能性がある。

　また，実験1と2を比べて，明らかに実験2のほうが投資額が多く，また，
実験1では期を経るごとに減少傾向に対して，実験2ではわずかであるが増加
傾向が見てとれる。これは，大雑把ではあるが，ナッシュ均衡が含意している
傾向と一致する。

7.5　実験におけるゲームの繰返しについて

　ゲームの実験では，公共財ゲーム実験で行ったように，参加者に同じゲーム

を繰り返しプレイしてもらうことが多い。このとき，グループを固定して実験
する場合と，毎回グループのメンバーが入れ替わるのとでは，じつは大きな違
いがあるので注意が必要である。グループが固定されている場合は，ゲーム理
論でいうところの，「繰返しゲーム」の構造となる。特に，参加者が受け取る謝
金が，繰り返された実験全体を通じて獲得した合計得点に基づいて支払われる
場合はそうである。

　繰返しゲームでは，今回どのように行動するかを，前回の自分および他のグ
ループメンバーの行動に関連づけて決定することができる。例えば，繰返し囚
人のジレンマゲームで有名な「おうむ返し」戦略 (tit-for-tat)[†1]は，同じ相手
と同じゲームを繰り返しプレイするからこそ意味を持つ。

　一方で，グループのメンバーを毎回無作為に入れ替え，かつ，何度か繰り返
される実験のうち，無作為に選ばれた1回のみを謝金対象とすることで，同じ
ゲームを繰り返す実験でも，参加者がゲームを1回限りプレイするのと同様の
状況に近づけることができる。

　公共財ゲームを，この2つの異なった条件で実験するとどのように結果が異
なるかを見てみよう。ここで紹介するのはAndreoni (1988) の実験結果である。
Andreoni (1988) の実験では，毎回，各参加者は 50 ECU の現金を与えられ，
$N = 5$，$\alpha = 2.5$ の実験を 10 回繰り返す。パートナー条件と呼ばれる実験で
は，実験の最初に無作為に作られた5人一組のグループで公共財ゲームを10回
繰り返す。他人条件と呼ばれる実験では，実験に参加している20人が毎回，無
作為に新しい5人一組のグループに割り当られる。参加者はどちらかの条件に
しか参加しない。また，すべての参加者には10回の繰り返し終了後に，10回
を通じて獲得した実験貨幣の総額に基づいて謝金が支払われる。パートナー条
件には15人の参加者が参加し，他人条件には20人の参加者が参加している。

　有限回数の繰返しゲームの部分ゲーム完全ナッシュ均衡を考えよう[†2]。部分
ゲーム完全ナッシュ均衡を求めるには，まず，一番最後の回のナッシュ均衡を

[†1] これは，相手が前回選んだ行動と同じ行動を選ぶという戦略である。
[†2] この解概念の詳細な解説はゲーム理論の教科書を参照されたい。

求め，その前の回のナッシュ均衡を求める際に，最後の回のナッシュ均衡を織り込むという作業を，順次，最初の回まで続ける。このゲームでは，最後の回のナッシュ均衡では，すべてのプレイヤーが公共財へまったく投資しない。これを読み込んで，その前の回のナッシュ均衡を求めると，同様にすべてのプレイヤーが公共財へまったく投資をしない。その前の回でも，その前の回でも同様となる。よって，部分ゲーム完全ナッシュ均衡では，すべての回で，すべてのプレイヤーが公共財へまったく投資しないので，1回限りのゲームと同じ状況となる。

　しかし，すでに見たように，被験者実験では，ゲーム理論が仮定する，参加者が同様に合理的であり，その合理性が共有知識となっているという条件が満たされていることはほぼ考えられない。例えば，より戦略的に洗練された参加者は，ナイーブな参加者が公共財にいくらか投資するだろうが，全体の投資額が低いと，投資をやめるだろうと予想して，実験の最初のうちは，全体の投資額を高く保つために，自らも公共財に投資するかもしれない。しかし，彼らは実験の最終回では投資額をゼロとするだろう。一方で，他人条件では，毎回グループ内のメンバーが変わるので，今回のグループでの自分の行動がつぎのグループでのほかのメンバーの行動に影響を与える可能性が低くなる。よって，他人条件では，パートナー条件と比較して，戦略的に洗練された参加者が実験の最初のうちから公共財に投資する誘因は低いと考えられる。実験の結果はどのようなものであったろうか？

　スライド 7.4 の右図には，Andreoni (1988) の実験結果で，10 回の実験を通じての公共財への平均投資額の推移を示している。前述の予想に反して，公共財への平均投資額は，他人条件のほうがパートナー条件よりも高くなっている。

　Croson (1996) は，$N = 4$，$\alpha = 2.0$，保有金額 25 ECU でパートナー条件と他人条件の比較を行っている。Croson (1996) は，Andreoni (1988) とは逆に，パートナー条件での公共財への平均投資額が，他人条件のそれよりも高かったことを報告している。その後，他の研究者も同様の比較を行っているが，実験や参加者プールによって結果は異なり，どちらの条件がより高い公共財への投

実験におけるゲームの繰返し方法の違い

繰返しの方法:
- グループメンバーが固定（パートナー条件）で,実験報酬が利益の合計
  → 繰返しゲーム
- 毎回グループメンバーを無作為に入れ替え（他人条件）, かつ, 無作為に選択された1回が実験報酬の対象
  → 1回限りのゲーム
  (1 shot game)

被験者の振舞いが異なる。

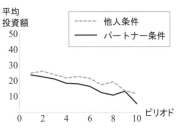

平均投資額

- - - - 他人条件
——— パートナー条件

ピリオド

図：Andreoni（1998）の実験結果
（p. 297, 表 1）より作成

- Andreoni(1988)の結果では, 他人条件のほうが平均投資額は高い。
- Croson(1996)では反対の結果

スライド **7.4** 実験におけるゲームの繰返し方法の違い

資を生み出すかは明確にはわかっていない。これらのほかの先行研究の結果は, Andreoni and Croson (2008) にまとめられているので参照されたい。いずれにせよ, ゲームを繰り返すタイプの実験を設計する場合には, 繰返しの方法について慎重に考慮する必要がある。

7.6 処罰可能な公共財ゲーム

　ここでは, パートナー条件での繰返し公共財ゲームに, 費用はかかるが同じグループ内のほかのプレイヤーの利得を減らす（他のプレイヤーを処罰する）という可能性を導入した実験を紹介する。ここでは, Fehr and Gächter (2002) が用いた設定を紹介する。

　この実験では, つぎの2段階からなるゲームを繰り返す。第1段階は, 公共財ゲームで, 各プレイヤーが同時に公共財への投資額を決める。各プレイヤー

が受け取る利得（π_i と呼ぶ）が判明したあと，第 2 段階の処罰ステージに入る。処罰ステージでは，グループ内の各プレイヤーの公共財への投資額（x_i）が開示される。プレイヤー i は，グループ内のほかのプレイヤー j に対して，罰則ポイント $P_i^j \in [0,10]$ を当てがうことができる。この際，プレイヤー i は 1 罰則ポイント当り 1 ポイントの費用を払わなければならない。一方で，i から P_i^j だけの罰則ポイントをあてがわれた j の利得は，$3P_i^j$ だけ減少する。ただし，罰則ポイント適用後の j の利得は，j が他のプレイヤーにあてがった罰則ポイントの費用を引く前では，最低でもゼロである。ただし，j がほかのプレイヤーにあてがった罰則ポイントの費用を差し引いた結果，利得が負になることもある。

　例えば，4 人一組の実験で，各プレイヤーの初期保有額が 20 ポイント，公共財への合計投資額が 1.6 倍され，それが 4 人に平等に分配されるような実験を考えてみよう。第 1 段階の公共財ゲームで，プレイヤー i が得られる利得は，ここまでに見たように

$$\pi_i = 20 - x_i + \frac{1.6}{4} \sum_k x_k \tag{7.4}$$

である。つぎに，処罰ステージ後のプレイヤー i の利得は

$$\Pi_i = \max(0, \pi_i - 3 \sum_{j \neq i} P_j^i) - \sum_{j \neq i} P_i^j \tag{7.5}$$

となる。これらはスライド 7.5 にまとめて示す。

　この処罰ステージを導入することで，ナッシュ均衡はどのように変化するであろうか？議論を簡単にするために，この 2 段階ゲームが一度だけプレイされるケースを考えてみよう。ここでは，ゲームが 2 段階からなるので，部分ゲーム完全ナッシュ均衡を考える。前にも述べたように，部分ゲーム完全ナッシュ均衡を求めるには，まずゲームの最後の段階，つまり，第 2 段階についてナッシュ均衡を求め，つぎに，その第 2 段階のナッシュ均衡を読み込んだうえで，第 1 段階のナッシュ均衡を求めることで見つけることができる。

　それでは，まず，第 2 段階，処罰ステージでのナッシュ均衡を考えよう。上記の処罰ステージでの利得関数から見て取れるように，Π_i は，プレイヤー i が処

利得関数

- 第1段階：公共財ゲーム

$$\pi_i = 20 - x_i + \frac{1.6}{4}\sum_k x_k$$

  x_i：プレイヤー i の公共財への投資額

- 第2段階：処罰ステージ

$$\Pi_i = \max(0, \pi_i - 3\sum_{j\neq i} P_j^i) - \sum_{j\neq i} P_i^j$$

  P_i^j：プレイヤー i がプレイヤー j に対して課した罰則ポイント

スライド **7.5**　Fehr and Gächter (2002) の設定における利得関数

罰ステージで選ぶことができる j への罰則ポイント（P_i^j）の減少関数となっている。よって，i にとっては，$P_i^j = 0$ が支配戦略となる。これは，グループ内のすべてのプレイヤーにとって同様である。処罰ステージで，すべてのプレイヤーが罰則ポイントゼロを選ぶのであれば，このゲームは，通常の公共財ゲームとなんら変わることがない。すでに見たように，上記の利得関数のもとでは，$x_i = 0$ が支配戦略となり，すべてのプレイヤーが公共財になんら投資しないという結果となる。

　ただし，すでに見たように，公共財ゲームの実験では，参加者は正の投資額を選ぶ。同様に，処罰ステージがある場合は，処罰ステージで正の罰則ポイントを選ぶことが予想される。このように罰則が予想される場合，かつ，それが，公共財への投資が低かったプレイヤーに対して向けられると予測する場合には，処罰ステージがあることによって，第一ステージでの公共財への投資が，処罰ステージがない場合よりも多くなることが予測される。

以下では，この実験を**スライド 7.6** に示されている世界 15 カ国 16 都市で大学生を参加者として実施した Gächter et al. (2010) の実験結果をみてみよう。

Gächter et al. (2010) の実験では 4 人一組が合計 20 回ゲームを繰り返している。20 回中前半 10 回は処罰ステージのない公共財ゲーム（N-条件），後半 10 回は処罰ステージのある公共財ゲーム（P-条件）である。20 回の繰返しを通じてグループのメンバーは固定されている。

スライド 7.7 は，世界 16 都市を 6 つの文化圏に分け，各文化圏内で，都市ごとの公共財への平均投資額の推移を示したものである。前半 10 回は処罰ステージなし（N-条件），後半 10 回は処罰ステージあり（P-条件）の実験である。処罰ステージなしの実験では，われわれが先に示した実験結果と同様に，最初は比較的高い（初期保有額のほぼ半分）平均投資額から始まり，実験を繰り返すごとに平均投資額が低下していくことが大部分の都市で観察されることが図から見て取れる。

都市	国	文化圏	参加者数
ボストン	アメリカ	英語圏	56
ノッティンガム	イギリス		56
メルボルン	オーストラリア		40
コペンハーゲン	デンマーク	ヨーロッパ	68
ボン	ドイツ	プロテスタント圏	60
チューリッヒ	スイス		92
セント ガレン	スイス		96
ミンスク	ベラルーシー	ギリシャ正教	68
ドニプロペトロフスク	ウクライナ	旧共産圏	44
サマラ	ロシア		152
アテネ	ギリシャ	南ヨーロッパ	44
イスタンブール	トルコ		64
リヤド	サウジアラビア	アラビア語圏	48
マスカット	オマーン		52
ソウル	韓国	儒教圏	84
成都	中国		96

Gächter et al. (2010, p.2654, 表1)より作成

スライド 7.6　Gächter et al. (2010) が実験を実施した 16 都市の一覧

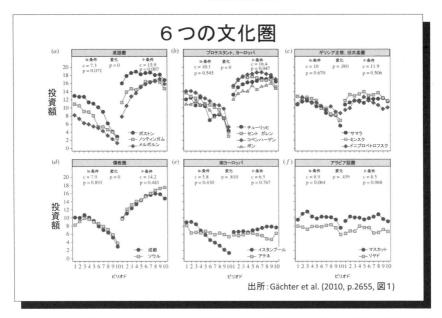

スライド **7.7**　Gächter et al. (2010) の実験結果：都市ごとの公共財への平均投資額の推移

　つぎに，実験の後半 10 回，処罰ステージが導入されたあとは，大部分の都市で，投資額が再度初期保有額の半分程度に回復（ボストンでは初期保有額の80％まで上昇）したあと，実験を繰り返しても平均投資額が減ることなく，都市によっては投資額が増加して推移することが見て取れる。

　一方で，これらのパターンに当てはまらない都市も見て取れる。図の右下の2 つのパネルに示されているアテネ，マスカット，リヤドの 3 都市では，前半の処罰ステージなしの実験と後半の処罰ステージありの実験を通じて，平均投資額がほぼ変化することなく一定で推移している。なぜ，これらの都市では前半の 10 回の繰り返しを通じて投資額が減少しないのかは明らかでない。後半の処罰ステージありの実験で，前半の 10 回よりも投資額が上昇しないことに関しては，Gächter et al. (2010) は，別の論文 (Herrmann et al., 2008) で，つぎのような現象を報告している。

　処罰ステージがあることで投資額が上昇した都市では，多くの場合，実験参

加者は自分よりも投資額が少なかったほかの参加者の利得を下げるように罰則
ポイントを課していたのに対して，これらの 3 都市では，自分よりも投資額が
多いほかの参加者の利得を下げるように罰則ポイントを課していたケースが多
く観察されたのである。なぜ，これらの都市で，実験参加者がこのように振る
舞ったのかに関してはいまだに明らかにされていない。これらの違いを，国や
文化の違いによるものと解釈するのか，単に参加者のグループが違うことによ
る違いによるものと解釈するかでは，大きな違いがある。ただ，国や文化の違
いの影響であると明確に言うためには，同じ国や文化圏の中で，複数箇所で実
験を実施したうえで，国内の実験結果の違いが，国をまたいだ実験結果の違い
よりも小さいことを示す必要がある。今後，このような国際比較実験がより多
く行われることを通じて，理解が深まることが期待される。

8章 ゲーム環境下でのエージェントシミュレーション

◆本章を学ぶと以下の内容をマスターできます

☞　学習モデルの違いから生じるシミュレーション結果の差

☞　実験中に提示する情報の違いと実験結果の関係

8.1　は じ め に

スライド **8.1** に示すような，7章の公共財ゲーム実験2と同じゲームを考え
よう。ここでは，まず最初に，次ページに示すスライド **8.2** のような2種類の
学習プロセスを考察し，学習能力のあるエージェントの振舞いが，モデルで仮
定する学習方法の違いによって，どのように異なるのかを考えてみたい。

公共財ゲーム

- 4人一組でグループを組む。
- 4人はそれぞれが40ポイントを所有
- それぞれは，所有している40ポイントのうち，プロジェクトAに，何ポイント投資するかを考える。
- プロジェクトAに，それぞれが投資したポイントは合算された上で，6.4倍の利益を生み出す。
- その利益は，投資額に関係なく，4人で平等に分かち合う。
- この状況を，何度も繰り返す。

スライド **8.1**　ゲームの説明

8.2　2つの学習モデル

スライド **8.2** に示すモデル1は（ノイズのある）**短視的最適反応モデル**と呼
ばれる学習モデルである。短視的と呼ばれるのは，ほかの3人の行動を直近の
行動とするためである[†]。最適反応というのは，このモデルでは，エージェント

[†]　このモデルで，ほかの3人の行動を例えば過去の平均などに変えていくことで，より
幅広い行動パターンを捉えることができる。

2つの学習モデル

- 最初はすべてのエージェントが0から40の中から投資額をランダムに選ぶ。つぎの回からは

- **モデル1**（短視的最適反応モデル）：自分の投資額に応じて自らが得られるであろう利益に基づいて学習
  - 他の3人の前回の投資額を所与としたときに，自分の投資額を0から40まで変えたときに，得られる利益を計算（想像）する。
  - その中で，最も利益が高い投資額を確率pで選び，確率$1-p$で，投資額を0から40の中からランダムに選ぶ。

- **モデル2**（短視的模倣学習モデル）：自分を含めた4人それぞれの投資額と，それぞれが得られた利益を観察する。
  - 4人の中で最も利益が高かった人の投資額を確率pで真似し，確率$1-p$で，投資額を0から40の中からランダムに選ぶ。

  それぞれのモデルをシミュレートすると，どのような投資額を学習するようになるか？

スライド **8.2** 2つの学習モデル

がほかのエージェントの行動を所与としたうえで，自らの利得が最大になる投資額を選ぶことを指している。また，ここでいうノイズとは，確率$1-p$でランダムな投資額を選ぶと仮定していることを指す。

モデル2は（ノイズのある）**短視的模倣学習モデル**である。ここで短視的と呼ぶのは模倣する対象が直近のゲームプレイにおいて，最も利得の高かったエージェントの行動だからである[†]。

以下では，投資額が0から40までの整数値をとると仮定して，NetLogoを用いて，この2つの学習モデルをプログラムしてシミュレートしていく。実際に，プログラムを作成してモデルシミュレーションを行う前に，この2つの学習モデルをそれぞれスライド8.1で示した公共財ゲームに当てはめた場合に，それぞれどのような投資額を選ぶように学習するか考えてみよう。そのうえで，自

[†] このモデルを，例えば，より長い期間を通じて行動を変化させずに，その期間中に最も平均利得が高かったエージェントの行動を模倣するという具合に拡張することで，例えば，より進化モデルに近い学習モデルへ発展させることも可能となる。

分の考えをノートに書き留めておき，後で，モデルシミュレーションの結果と
比較してみよう。

8.3　NetLogo プログラミング

　それでは，それぞれの学習モデルをプログラムするに当たって，まずは，両
方のモデルに共通している部分を考えよう。スライド**8.3**にあげているように，
両方のモデルに共通して，エージェントの初期保有額（endowment）と選んだ
投資額を選ぶ確率（p）を定義する必要がある。また，エージェントそれぞれの
投資額に対して，利得を決定する利得関数も共通である。

　これらを NetLogo のプログラムに反映させるために，スライド**8.4**のように
パラメータとして，初期保有額と p を設定しよう。NetLogo では，これらはス
ライダーを使えば，後で変更できる。その上で，グローバル変数として，4 人

NetLogoでプログラミング

- モデル１と２に共有なもの
  - 初期保有額（endowment）：40ポイント
  - エージェント i の t 期の投資額（inv）：$x_i(t)$
  - 利得関数：エージェント i が t 期に受け取る
      利得

$$\pi_i(t) = 40 - x_i(t) + \frac{6.4}{4}\sum_{j=1}^{4} x_j(t)$$

  - 正しい投資額を選ぶ確率：p

スライド**8.3**　2 つの学習モデルに共通した部分（その 1）

NetLogoでプログラミング

モデル１と２に共通
- **パラメータ**
  - p：$1-p$でランダムに投資額を選ぶ
  - endowment：初期保有額

- **グローバル変数**

  ```
  globals [totalInv] ;4人の投資額の和
  ```

- **エージェント特有の変数の定義**

  ```
  turtles-own [
      inv     ;Aへの投資額
      payoff ;獲得した利得
      prob    ;選択した投資額を選ぶ確率
  ]
  ```

スライド **8.4**　2つの学習モデルに共通した部分（その2）

　の投資額の合計である totalInv，そして，エージェント固有の変数として，投資額（inv），利得（payoff）を定義しよう[†]。今回のモデルでは，エージェントの空間的な動きを考察する必要はないので，NetLogo の描画部分は初期設定のまま使用する。

　つぎに，setup ボタンを作成し，それに付随するプログラムを記述しよう。スライド**8.5** の上のボックスに初期化する関数を記述した。ここでは，4 人のエージェントを作成し，各エージェントの最初の投資額（inv）を 0 から初期保有額の間でランダムに与えている。

　つぎに，投資額に対応する利得を計算しよう。このためのプロシージャを compute-payoff と名付け，スライド 8.5 の下のボックスに記述した。

　これで，ランダムに与えられた投資額に基づいて，各エージェントの利得を

　[†]　スライド 8.5 では，エージェントごとにノイズレベルが設定できるようにエージェント固有の変数として prob を定義しているが，固有設定を考えないならば，あえて prob の変数を定義する必要はない。

NetLogoでプログラミング

・初期化

```
to setup
  clear-all
  reset-ticks
  create-turtles 4   ;4人のエージェントを作成
  ask turtles [
      set inv random endowment + 1   ;最初の投資額はランダムに
      set prob p   ;投資額を選ぶ確率をpというグローバル変数の値に設定
  ]
end
```

・利得の計算

```
to compute-payoff
  set totalInv sum [inv] of turtles ;4人のエージェント投資額合計
  ask turtles[
      set payoff endowment - inv + 6.4 * totalInv / 4.
      ;利得の計算
  ]
end
```

スライド **8.5**　初期化と利得関数の定義

　計算するところまでは準備ができた。つぎに，それぞれの学習モデルに基づいて，投資額を変化させることを考えよう。モデル2のほうが実装が簡単なので，まずは，モデル2をプログラムしよう。

　スライド **8.6** を見て欲しい。まずは，グローバル変数のリストを拡張して，4エージェントに共通である今回のプレイの結果生じた最大利得（maxPayoff）とそれを獲得したエージェント（maxTurtles）を追加で定義しよう。

　そのうえで，模倣の行動を実現するプロシージャとして imitate を定義する。このプロシージャでは，まず，maxPayoff を計算し，そのうえで，それを獲得したエージェントの ID を見つけている。その際に，NetLogo に実装されている関数をそれぞれ使用している。maxTurtles では，maxPayoff を獲得したエージェントが複数いる場合に，そのうちの1人をランダムに選ぶように指示を出している。そのうえで，各エージェントに対して，投資額を maxTurtles と同じ投資額にするように指示を出したうえで，確率 $1-p$ で，つまり，0から1の

NetLogoでプログラミング

モデル２はどう実装するか？

- 利得が最も高いエージェントを見つけ，そのエージェントの投資額を確率probでコピーする。確率1-probで0から初期保有額の中からランダムに選ぶ。

```
globals [totalInv maxPayoff maxTurtles]
;↑このように変更する必要あり

to imitate
  set maxPayoff max [payoff] of turtles
  set maxTurtles one-of turtles with [payoff = maxPayoff]
  ask turtles [
    set inv [inv] of maxTurtles
      if random-float 1.0 > prob [
        set inv random endowment + 1
    ]
  ]
end
```

スライド **8.6**　モデル 2 のプログラム

間からランダムに選ばれた実数が p より大きい場合に，投資額を 0 から初期保有額の間でランダムに選びなおすようにしている。

つぎに，モデル 1 をプログラムしよう。モデル 1 では，前回のほかの 3 人の投資額を合計し，それを所与として，自身のとりうる投資額とそのときの利得を仮想的に計算したうえで，その中から利得が最大となる投資額を選ぶ必要がある。これをエージェントごとに行わなければならない。そのため，**スライド 8.7** にあるように，エージェント固有の変数リストを拡張する必要がある。

また，**スライド 8.8** にあるように，利得計算のプロシージャを拡張して，利得計算をする際に，ほかの 3 人の投資額の合計も計算してしまうことにしよう。

これで，仮想利得を計算する準備が整った。**スライド 8.9** を見て欲しい。ここでは compute-hyp-payoff というプロシージャを定義している。まず，let と n-values という NetLogo のコマンドを使い，newHyp というリストをこのプロシージャ内でローカルに定義している。このリストは，初期保有額+1 の長

NetLogoでプログラミング

- モデル１はどう実装するか？

他の３人の投資額を所与として，利得が最も高くなる投資額を探す。確率probでその投資額を選び，1-probで0から初期保有額の間から投資額をランダムに選ぶ。

```
;; エージェント独自の変数を拡張
turtles-own [
  inv        ;Aへの投資額
  payoff     ;獲得した利得
  prob       ;選択した投資額を選ぶ確率
  otherInv   ;他の3人の投資額
  hypPay     ;仮想利得のリスト
  maxHyp     ;仮想利得の最大値
]
```

スライド **8.7**　モデル１のプログラム（エージェント独自の変数の拡張）

NetLogoでプログラミング

```
;;利得計算プロシージャの拡張
to compute-payoff
  set totalInv sum [inv] of turtles;
  ask turtles[
    set payoff endowment - inv + 6.4 * totalInv / 4.
    set otherInv totalInv - inv;
  ]
end
```

スライド **8.8**　モデル１のプログラム（利得計算プロシージャの拡張）

NetLogoでプログラミング

```
;仮想利得の計算
to compute-hyp-payoff
   let newHyp n-values (endowment + 1) [ i -> endowment - i +
6.4 * ( i + otherInv ) / 4. ]
      ;endowment + 1の長さのリスト（newHypを定義）
      ;リスト中の位置＝0からendowmentまで増える
      ;よってリストの中身は仮想利得
      set hypPay map [ i -> i ] newHyp ;newHypをhypPayにコピー
      set maxHyp max hypPay ;maxHypを見つける
      set inv position maxHyp hypPay   ;invはmaxHypの位置
      if random-float 1.0 > prob [
          set inv random endowment + 1
      ]
end
```

スライド **8.9**　モデル 1 のプログラム（仮想利得の計算）

さのリストであり，その内容は，0 から初期保有額までの投資額を選んだ際に otherInv を所与とした際に獲得できる利得となっている。この計算の際に，「i -> 初期保有額 − i + 6.4 * (i + otherInv) / 4.」という処理をさせているが，これは，リストの i 番目（i は，0 から初期保有額まで）の値を初期保有額 − i + 6.4 * (i + otherInv) / 4. とせよというコマンドである。

そのうえで，hypPay というリストに，newHyp の値をコピーし，その最大値を maxHyp と定義する。そして，hypPay 中の maxHyp の位置（これが，すなわち投資額と一致する）を探したうえで，それを投資額に代入している。最後に，1 − p の確率で，投資額をランダムに変更しているのは，モデル 2 と同じである。

これで，モデル 1 と 2 の両方の投資額決定プロセスが実装できた。これらを，go ボタンを押したら実行するように，go プロシージャを定義する（**スライド8.10**）。ここで，model2 というパラメータを用いているが，これも，NetLogo

NetLogoでプログラミング

```
to go
  compute-payoff
  ifelse model2 [
    ;model2がTrueかFalseでモデルをコントロール
    imitate
  ][
    ask turtles[
        compute-hyp-payoff
    ]
  ]
  plot-investment
end
```

課題：このプログラムに，4人中の最小と最大投資額，および4人の
平均投資額を表示するグラフを作成する機能（plot-investment）
を追加しよう！

スライド 8.10　go プロシージャ

NetLogoの画面

スライド 8.11　インタフェースの例

のインタフェースで，スイッチを用いて定義することができる。

　最後に，plot-investment というプロシージャを用いているが，これは，4 人の
エージェントの最大投資額，最小投資額，そして平均投資額を各期ごとにプロッ
トしていくプロシージャである。すでに学習した内容でかけるプロシージャな
ので，自分で書いてみよう。**スライド 8.11** に完成した NetLogo プログラムの
インタフェースを示している。

8.4 シミュレーションの実行

8.4.1 結　　　　果

　それでは，プログラミングを行ったモデルのシミュレーションを実行してみ
よう。ここでは，学習モデルの違いが，どのような行動の違いになるかを観察
したいので，model 2 を off にした場合（モデル 1 のシミュレーション）と，on
にした場合の結果の比較をしよう。**スライド 8.12** は，モデル 1 のシミュレー

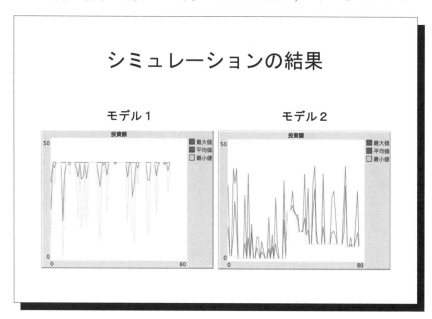

スライド 8.12　シミュレーションの結果

ションの結果を左に，そして，モデル2のシミュレーションの結果を右に示している。このシミュレーションはどちらも，$p=0.9$，初期保有額=40として実行している。

どちらのモデルにおいても，ランダムな投資額が選ばれた際に，最低投資額（ライトグレー）や最大投資額（黒色）が大きく動くのが見て取れる[†]。一方で，モデル1では，平均投資額（ダークグレー）が40周辺で推移するのに対して，モデル2では，それが，0に近い値で推移することも見て取れる。皆さんは，この章の最初にシミュレーションの結果を予測した際に，このような結果を予測されただろうか？なぜ，2つのモデルの間に，このような違いがでるのだろうか？もし，公共財ゲームの利得関数を，7章の実験1で用いたもの（投資額の合計が1.6倍されたうえで，4人に平等に配分される）に変更した場合にも，同様の違いがでるだろうか？考えてみよう。

8.4.2 考　　　　　察

なぜ，これら2つの学習モデルのシミュレーションの結果に大きな違いが出るのだろうか？短視的最適反応モデルの結果に関しては，基本的には7章でナッシュ均衡を導出する際にも説明したように，初期保有額をすべて投資するというのが支配戦略であることから，最適な反応の結果として投資額＝40 ECUを学ぶということが容易に理解できるだろう。ときどき，投資額が40からずれるのはノイズとして導入しているランダムな投資額が選ばれた結果である。また，この考察から，利得関数が7章の実験1で用いた投資額の合計が1.6倍されたうえで，4人に平等に配分されるというものであれば，短視的最適反応モデルは，エージェントが基本的には0 ECU投資することを学ぶことも予測できるだろう。

では，短視的模倣学習モデルは，なぜ投資額0 ECUに収束するのだろうか？

[†] カラーのスライドが，コロナ社のWebサイトから入手可能なので，そちらを参照すること。最大投資額は実際には赤色であり，カラーではもっとみやすい。以下，他のグレーケールでわかりにくいスライドに関しても同様である。

議論を単純にするために，まず，グループの全員が所持金すべてを投資している
状況を考えてみよう。すなわち，すべてのメンバーが同じ利得（$\pi_i = 176$）を
得ている状況である。ここで，あなただけが投資を 1 ECU 減らして，39 ECU
にしたとしよう。つまり，ほかの 3 人はまだ 40 ECU の投資をしている。あな
たが投資を 1 ECU 減らしたことで，あなた自身の利得は 0.6 だけ下がる（自
分の 1 ECU の投資は自分を含めて全員に 1.6 ECU の利益を生み出しているの
で，投資額を 1 ECU 減らすことで，自らは $-1.6+1$ ECU を失う）が，ほかの
3 人の利得はそれぞれ 1.6 ずつ下がる。その結果，あなたの利得がグループの
中で相対的に一番高くなる。自分の投資額をさらに下げていけば，自分とほか
のメンバーとの利得の差がさらに大きくなっていくこともわかるだろう。この
議論は，ほかのグループメンバーが 40 ECU 以外の投資額を選んでいたとして
も同様に成り立つ。つまり，この利得関数においては，グループ内で最も低い
投資額を選んでいるエージェントがグループ内では最も高い利得を得ることに
なるのである。すべてのエージェントが最も利得が高いエージェント，つまり
最も投資額が低いエージェントの行動をまねるので，全員の投資額が下がるの
である。ここでノイズによるランダムな投資額の決定の結果，さらに低い投資
額を選ぶエージェントが出てくると，つぎの期には，さらにグループ全員の投
資額が下がるというふうに進む。結果として，全員が投資額＝0 を学習すると
いう結果になるわけである。

　それでは，利得関数が 7 章の実験 1 で用いたものであった場合，短視的模倣
学習モデルを全員が用いるようなエージェントシミュレーションはどのような
投資額に収束するだろうか？上記と同じように全員が 40 ECU を投資している
状況を仮定して，自らが 1 ECU 投資額を減らすとどうなるか考えてみよう。自
分の 1 ECU の投資は，自分を含めて全員に 0.4 ECU の利益をもたらしている。
よって，自分が投資額を 1 ECU 減らすことで，自分の利得は，$-0.4+1 = 0.6$
ECU だけ増えるが，他の 3 人の利得は 0.4 ECU だけ減る。よって，自分の利
得がほかの 3 人よりも高くなる。つまり，このケースでもグループ内で最も投
資額の低いエージェントの利得が最も高くなることがわかる。その結果，この

利得関数でも，すべてのエージェントが短視的模倣学習に従うと，全員投資額 0 を学習することが見て取れる。

模倣学習が容易にできるかどうかは，ほかのメンバーの投資額と，彼らが得ている利益の情報が与えられている必要がある。（原理的には，ほかのメンバーの投資額さえわかっていれば計算できるが，直接知らされないと実験参加者の多くは計算しないようである。）この点を検証するために，Burton-Chellew and West (2013) は，7 章で考察した実験 1 と実験 2 に加えて，つぎのような Enhanced 条件での実験を行っている。

〔1〕 実　験　3　　数値設定は実験 1 とまったく同じであるが，提示される情報が異なる。参加者は，各ピリオド終了時に，同じグループのほかの参加者の投資額，得られた利益の情報が示される。

〔2〕 実　験　4　　数値設定は実験 2 とまったく同じであるが，提示される情報が異なる。参加者は，各ピリオド終了時に，同じグループのほかの参加者の投資額，得られた利益の情報が示される。

彼らは，これに加えて，実験 1 と実験 2 と同じ利得設定上で，参加者がゲームを行っていることすら知らない Black-Box 設定（スロットマシーン実験のように，参加者は 0 から 40 の数字を選び，その結果，利得を得るが，その利得がゲームのルールにしたがって，自分とほかの 3 人の参加者が選んだ数字によって決まっていることを知らない）の実験も行っている。

スライド 8.13 に Burton-Chellew and West (2013) の実験結果を示す。まず，ナッシュ均衡で投資額がゼロ（$x_i = 0$）となる場合（実験 1 と実験 3）の結果から見ていこう。

同スライド内の上図に示すグラフからわかるように，最初のピリオドでは，両方の実験において，公共財への投資額が多くの研究と同様，所持金の 40〜60% の間に収まっていることがわかる。ピリオドが進むにつれて，実験 1 の平均投資額は次第に減少していく。しかし，グループのほかの参加者の投資額に加えて，彼らの獲得利得まで知ることができる実験 3 の条件下では，投資額が実験 1 よりもより低くなっていくのが見て取れる。

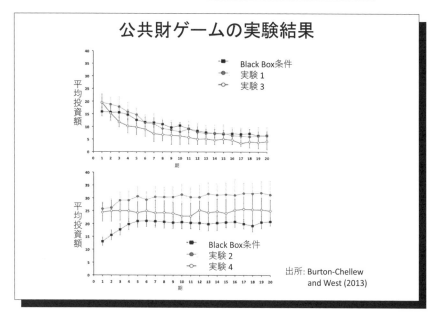

スライド **8.13** 公共財ゲームの実験結果

　一方，全額投資がナッシュ均衡となる場合（実験2と実験4）の結果が同スライドの下図に示されている。先ほどの実験1，実験3の結果と比べて，平均投資額は全体的に高い傾向があることが，はっきり見てとれる。実験2では，最初の数ピリオドの間は平均投資額が上昇しているが，実験4ではほとんど変化が見られない。全体的に平均投資額が実験2より実験4が低くなっているという点は，上図のグラフと同様である。

　この実験結果は，この章で考えた2つの学習モデルそのままでは，あまりうまく実験結果を再現できないことを示している[†]。しかし，相対利得に基づく模倣をより簡単にした実験設定で，2つの学習モデルが異なった結果を予測するケース（実験2と実験4）では，モデルの予測と実験結果が同様の動きをしていることがわかる。

[†]　公共財ゲームで観察される典型的な参加者の振舞いを個人進化学習モデルで再現をしようと試みている研究として Arifovic and Ledyard (2012) がある。

この学習プロセスにおける相対利得の効果に関しては，つぎに紹介する寡占
市場の実験でも観察されている。

8.5 寡占市場実験

8.5.1 実 験 の 説 明

ここでは，Offerman et al. (2002) の実験を中心に，寡占市場における生産
量決定の実験を紹介する。Offerman et al. (2002) は，実験に参加する 3 人一
組の参加者が，それぞれ独立に，あたかも自らが 1 つの企業であるかのように，
生産量を決定するというものである。参加者は同じ市場環境で，繰返し（100
回）生産量を決定する。参加者の獲得する謝金は，彼らが実験中に獲得した総
利得（100 回の繰り返しで得た合計利得）を基に計算される。

参加者 i が，1 回の実験で生産量を q_i と決めた際の利得は

$$\pi(q_i, q_{-i}) = (45 - \sqrt{3}\sqrt{q_i + q_{-i}})q_i - (q_i)^{1.5} \tag{8.1}$$

である。ここで，q_{-i} は，同じグループの i 以外の 2 人の合計生産量である。

この実験で理論的なベンチマークとなるのは，**クールノー・ナッシュ均衡**，**談
合均衡**，そして，**ワルラス均衡**の 3 つである。クールノー・ナッシュ均衡は，
6 章のゲーム実験でも解説したが，すべての参加者がたがいに最適反応をして
いて，自らの生産量を変化させる誘因を持たないような状況をさす。談合均衡
は，グループ内の参加者が協同して，たがいの合計利得を最大化させるように
行動した結果達成できる均衡であり，（終わりが決まっていない）繰返しゲー
ムでは，このような均衡が達成される可能性が高い。最後に，ワルラス均衡で
あるが，これは，各企業が，価格と限界生産費用が等しくなるような生産量を
生産している状態であり（$p = (45 - \sqrt{3}\sqrt{3q}) = 1.5q^{0.5}$），寡占市場での生産
量決定問題では，前節のモデル 2 で考察したように各参加者（企業）がグルー
プの中で各期，前期において最も利得が高い参加者の生産量をまねて生産量を
変えていくような学習プロセスの結果として達成されることが Vega-Redondo

(1997) や Vriend (2000) の研究結果から知られている。

Offerman et al. (2002) らの定式化においての 3 つの均衡での生産量，価格，そして，各企業の利得をスライド 8.14 にまとめた。

〔1〕 利用可能な情報の違い　先に，この寡占市場における生産量同時決定問題で，ワルラス均衡は，各企業が最も利得が高い企業の生産量を模倣していくプロセスの結果達成されることに触れた。一方で，各企業が，前期のほかの企業の生産量を所与として最適反応をしていくのであれば，クールノー・ナッシュ均衡に収束する。談合均衡は，企業がより複雑な繰返しゲーム戦略を用いていたり，または，自らの生産量を下げてでも，3 企業全体の利得を押し上げようとする "模範的な" 企業の行動をまねていくのであれば，達成されると考えられる。ここで注目したいのは，ワルラス均衡が達成されるような学習プロセスと，クールノー・ナッシュ均衡が達成されるような学習プロセスでは，必要な情報量が異なる点である。利得の高い企業の生産量を模倣するためには，他

Offerman et al.(2002)の寡占市場実験

- ・ 3人1組
  - ・ それぞれの参加者は生産量を決める。

- ・ 利得関数
  $$\pi(q_i, q_{-i}) = (45 - \sqrt{3}\sqrt{q_i + q_{-i}})q_i - (q_i)^{1.5}$$

  q_i: i の生産量
  q_{-i}: i以外の2人の合計生産量

寡占市場実験の３つの均衡

均衡	各企業の生産量	価格	各企業の利得
談合均衡	56.25	22.5	843.75
クールノー，ナッシュ均衡	81.00	18.0	729.00
ワルラス均衡	100.00	15.0	500.00

スライド **8.14**　寡占市場実験の利得関数と 3 つの均衡

の2企業の生産量と利得に関する情報が必要であるが，他の企業の生産量を所
与として最適反応するのであれば，利得の決定式さえわかっていれば，自分の
生産量と3企業の合計生産量がわかっていればよい。

Offerman et al. (2002) は，この点に注目して，各期で参加者に与える情報の量
を実験で操作し，3つの条件（トリートメント）の下で実験を行っている。トリート
メント Q は，ほかの2つのトリートメントの基礎となる条件であり，各参加者は，各
期，生産量を決めたあとに，自分が受け取った収入（$R_i = (45 - \sqrt{3}\sqrt{q_i + q_{-i}})q_i$），
生産費用（$C_i = (q_i)^{1.5}$），利益（$\pi_i = R_i - C_i$），そして，3企業の合計生産量
（$Q = q_i + q_j + q_k$）と，価格（$P = (45 - \sqrt{3}\sqrt{Q})$）の情報を得る。ここで，
q_j および q_k はほかの2企業の生産量である。トリートメント Q_q は，トリー
トメント Q で受け取る情報に加えて，q_j および q_k というほかの2企業の生産
量の個別の情報を受け取ることができ，トリートメント $Q_{q,\pi}$ では，トリートメ
ント Q_q で受け取る情報に加えて，π_j および π_k というほかの2企業のそれぞ

実験の操作

トリートメント	基本的な情報	追加情報
Q	R_i, C_i, π_i, Q, P	
Q_q	R_i, C_i, π_i, Q, P	q_j, q_k
$Q_{q,\pi}$	R_i, C_i, π_i, Q, P	q_j, q_k, π_j, π_k

スライド **8.15** Offerman et al. (2002) の実験の3つの実験条件

れの利益も知ることができる。スライド **8.15** に Offerman et al. (2002) が実施した3つのトリートメントがまとめてある。

上述の学習プロセスに必要な情報の観点からすれば，トリートメント Q では，クールノー・ナッシュ均衡に近い結果が観察されるのに対して，トリートメント $Q_{q,\pi}$ では，ワルラス均衡により近い結果が観察されるであろうと予測される。

8.5.2　寡占市場実験の結果

スライド **8.16** は，Offerman et al. (2002) の実験で観察された総生産量 Q の分布を示したものである。縦軸の相対頻度は，横軸に示されている各 Q に対して $Q \pm 7$ であった実験の回数を示している。また，横軸の C は談合均衡，N はクールノー・ナッシュ均衡，W はワルラス均衡での総生産量に対応している。太めの実線は，トリートメント Q の結果，細めの実線は，トリートメント Q_q の結果，最後に，細めの破線がトリートメント $Q_{q,\pi}$ の結果である。スライド

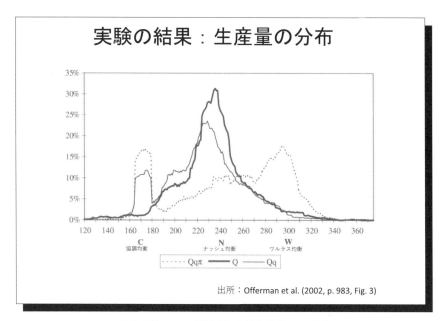

スライド **8.16**　観察された総生産量 Q の分布

8.16 から，トリートメント Q では，多くのグループ・期において，クールノー・ナッシュ均衡周辺の生産量が観察されたことがわかる。トリートメント Q_q では，クールノー・ナッシュ均衡に加えて談合均衡のもとでの生産量も観察されている。トリートメント $Q_{q,\pi}$ では，クールノー・ナッシュ均衡よりも，ワルラス均衡や談合均衡が観察される割合が高くなっていることが見て取れる。

8.5.3 発 展 課 題

寡占市場実験の設定を用いて，（ノイズのある）短視的最適反応モデルと（ノイズのある）短視的模倣学習モデルを NetLogo で実装して，2 つのモデルの動きの違いがここで紹介した実験結果と同様な違いを生み出すか確認してみよう。

8.6 より発展した学習モデル

本章では，（ノイズのある）短視的最適反応モデルと（ノイズのある）短視的模倣学習モデルという比較的単純なモデルを NetLogo を用いて実装し，これら2 つのモデルが仮定する学習プロセスの違いが公共財ゲームや寡占市場モデルで，どのようなエージェントの行動の違いとなって現れるのかを検証した。これら2 つのモデルでは，エージェントは，各期の投資額や生産量を決めていたが，7 章でも触れたように，もし，ゲームが同じグループのエージェント間で繰り返される場合は，おうむ返し戦略（tit-for-tat）のように，今期の投資額を前期に実現した投資額に条件づけて決めるという戦略を用いることも可能となる。このような条件付きの戦略は**繰返しゲーム戦略**と呼ばれ，これらを用いる参加者やエージェント行動は，そうではないものとは大きく異なることが知られている。

例えば，**スライド 8.17** に示している Battle of the Sexes ゲームを対戦相手を固定して繰返しプレイする実験では，参加者は (A,B), (B,A) という選択肢の組合せをうまく交互に繰り返すことで，スライド 8.17 の左下の図に示すように，平均するとそれぞれ1 回当り 12 ポイントに近い利得を達成することが多い

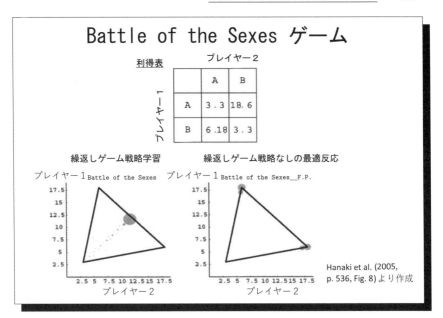

スライド **8.17**　Battle of the Sexes ゲーム

(Arifovic et al., 2006)。なお，このスライドの2つのグラフは，縦軸にプレイヤー1の利得，横軸にプレイヤー2の利得をとり，グラフ上に灰色でプロットされている点が，学習によって獲得された戦略による平均利得を表している。

　そのような行動は，本章で考察した2つのモデルではうまく再現できない。例えば，最適反応に基づくモデルでは，エージェントは，(A,B) か (B,A) のどちらかをずっと選び続けるということを学習する。その結果として，利得は，スライド8.17の右下の図で示しているように，1回当りの平均で1人が6ポイント，もう1人が18ポイントを得ることになる。経済実験で観察されるように (A,B) と (B,A) を交互に繰返すという行動を再現しようとすると，例えば，Hanaki et al. (2005) が行ったように，エージェントがどの繰返しゲーム戦略を用いるかを学習するというモデルを構築する必要がある。じつは，スライド8.17の左下の図は，経済実験で観察された平均利得ではなく，Hanaki et al. (2005) の繰返しゲーム戦略学習のモデルのシミュレーション結果なのである。

興味がある読者は，このように，より複雑な環境において，より複雑な行動を学ぶようなエージェントを考察してみるのもよいだろう。

9章

マルチエージェント行動科学

◆本章のテーマ

　本章では，マルチエージェントにおける行動モデルの構築とその利用方法についての考え方をまとめる。どのように行動モデルを用いるか，また，それによって何を明らかにするのかといった内容について，前章までの内容を例にしながら整理する。

◆本章の構成（キーワード）

9.1　はじめに

9.2　エージェントの行動モデル
　　　　人間的/非人間的

9.3　行動モデルの分類
　　　　人間行動的，心理学的，演繹的，ランダム

9.4　システムを理解する vs. 行動を理解する
　　　　システム全体，個別の振舞い

9.5　シミュレーションで経済実験の行動を再現する
　　　　再現シミュレーション

9.6　行動モデルを所与としてシステム全体の挙動を見る
　　　　メカニズム検証，ランダム行動，人間模倣行動

9.7　経済実験の参加者をエージェントに代替させる
　　　　戦略的不確実性

◆本章を学ぶと以下の内容をマスターできます

☞　エージェントの行動モデルの種類と分類

☞　エージェントの行動モデルをどのように用いるか

☞　システムを理解することと個別の行動を理解することの違い

☞　参加者の一部をエージェントに代替させる効果

9.1　は　じ　め　に

前章まで多くのエージェントの行動モデルについて説明してきた。本章では，実験経済学からのアプローチを基にした行動モデルの構築に対する考え方，さらには，その具体的なモデル化の方法について，「マルチエージェント行動科学」と題して，まとめてみたい。

9.2　エージェントの行動モデル

本書で扱った行動モデルは以下のとおりである。

- ゼロ知能エージェントモデル（3 章）
- 発展型ゼロ知能エージェントモデル（4 章）
- 3 タイプ相互作用モデル（4 章）
- Heuristics Switching モデル（5 章）
- レベル K モデル（6 章）
- 認知階層モデル（6 章）
- 短視的最適反応モデル（8 章）
- 短視的模倣学習モデル（8 章）

ただし，これらのうち，6 章のレベル K モデルなどは，実際にはシミュレーションをプログラミングせず，経済実験の人々の行動を説明するモデルとして解説した。もちろん，これはシミュレーションとして用いることも可能であるため，上記のリストに含めている。

さて，上記の行動モデルを 2 つの切り口から考えてみよう。1 つは実際の人間の振舞いを模した行動モデル，もう 1 つは実際の人間とはまったく異なる行動モデルである。例えば，Heuristics Switching モデルでは，実際に人間がとりうる行動をいくつか仮定し，それらが適応的にスイッチするというモデルであった。一方で，ゼロ知能エージェントは，単にランダムに振る舞うという，まったく知能を持たない非人間的な行動モデルとなっている。**スライド 9.1** に，

エージェントの行動モデル

非人間的行動

　　　　ゼロ知能エージェントモデル
　　　　発展型ゼロ知能エージェントモデル
　　　　短視的最適反応モデル
　　　　レベルKモデル
　　　　認知階層モデル
　　　　3タイプ相互作用モデル
　　　　短視的模倣学習モデル
　　　　Heuristics Switchingモデル

人間的行動

スライド **9.1**　本書で扱った行動モデル

大雑把ではあるが，上記の8つの行動モデルを人間的/非人間的な行動の軸で並べた。この2つの切り口は，明確にどちらかに分かれるものではなく，ある程度の連続性を持っている。例えば，ゼロ知能エージェントをベースに，もう少し賢い振舞いを導入した発展型ゼロ知能エージェントなどを考えるとわかりやすい。

　また，実験経済学では，多くの参加者実験を通じて，標準的な経済学が想定する完全な合理性を有する経済人（1章参照）とは異なる人間の振舞いが多く観察されている。それらの研究の蓄積によって，実際の人間の振舞いを考慮した効用関数なども提案されている。例えば，Fehr and Schmidt (1999) による不平等回避を考慮した効用関数，Andreoni (1990, 1989) による利他性を考慮した効用関数など，他にもいくつか提案されている。

　このように，実際の人間を参加者として扱う実験経済学では，多くの行動モデルや効用関数についての研究が進められている。これらの知見を，マルチエー

ジェントシステムにおけるエージェントの行動モデルに応用することが可能である。

9.3　行動モデルの分類

人間的/非人間的という軸をさらにもっと細かく分類することができるだろう。スライド **9.2** にその分類を示した。それぞれについて下記で説明する。

1. 人間の行動から導かれたもの

　　実際の人間の振舞いからモデル化されたもの。本章の Heuristics Switching モデル（5章）がこれに該当する。本書で扱わなかった他の例としては，プロスペクト理論 (Kahneman and Tversky, 1979) もこの範疇^{ちゅう}に含まれるだろう。プロスペクト理論は，通常，行動モデルとは呼ばないが，マルチエージェントにおいてエージェントの行動モデルとして

行動モデルの分類

1. 人間の行動から導かれたもの :
Heuristics Switchingモデル(5章)，プロスペクト理論など

2. 心理学的な知見によるもの :
強化学習モデルなど

3. 演繹的に導かれたもの :
最適反応モデル(8章)，レベルKモデル(6章)，
QRE(quantal response equilibrium)など

4. ランダム :
ゼロ知能エージェントモデル(3章)

スライド **9.2**　行動モデルの分類

応用することは可能であり，その意味でここに含める。リスク環境下における実際の人間の意思決定について広範に調査を行い，理論化されたものであり，まさに実際の人間の行動から得られたモデルといえる。

2. **心理学的な知見によるもの**

現在，さまざまな強化学習アルゴリズムが存在し，エージェントの行動モデルとして用いられることも多い。しかし，やはりその源流はスキナーによるオペラント条件付け[†](Skinner, 1938) であり，心理学的な知見からの応用である。また，計算機科学における強化学習と必ずしも同じではないが，実験経済学でも強化学習と呼ばれる行動モデルによって，実際の人間の行動を再現しようとする研究もある (Erev and Roth, 1998)。

3. **演繹的に導かれたもの**

実際の人間の行動とはかけ離れ，数学的な前提から演繹的に導かれて得られた行動モデルである。わかりやすい例は単に最適反応の行動をとるモデルであろう。最適反応は，ゲーム理論の枠組みで，他のプレイヤーの行動を所与としたときに，自分の利得が最も高くなる行動であり，ゲームとして定式化されれば最適反応の行動はすぐに導出可能である。本書のレベル K モデル（6 章）なども，このカテゴリに属するだろう。

また，本書では扱わなかったが，QRE (quantal response equilibrium) (McKelvey and Palfrey, 1995, Mckelvey and Palfrey, 1998) もここに含められるだろう。モデルの詳細は省くが，ランダム効用モデルに基づく確率選択モデルの考え方に拠っており，パラメータしだいで合理的から非合理的な行動（ランダム）を表現することができる（モデルの詳細については，例えば川越 (2007) などを参照）。

[†] 動物（人間も含む）が自発的に行った行動の直後に報酬や罰など特定の刺激を与えることで，その行動の自発頻度が変化するような学習のことである。古典的な例としては，レバーを押すと餌が出てくる装置で，マウスがレバーを自発的に押すように学習する実験が有名である。

4. ランダム

　　具体的な行動ルールを与えず，単にランダムに行動させる。与えられた選択肢に対して，等しい確率を与えるようにモデル化されることも多い。3章の内容がこれに相当する。

　1.と2.をさらにひとまとめにくくり，「帰納的に導かれたもの」といってもよいかもしれない。ほかの分類の仕方を排除するものではないが，このような「帰納的」，「演繹的」，「ランダム」の3つの分類の構造は基本的なものであるといえよう。

9.4　システムを理解する vs. 行動を理解する

　1章でも述べたとおり，マルチエージェントの重要な性質の1つは創発である。創発システムとして見たとき，そのシステム自体を理解するという方向と，そのシステム内において個々のエージェントがどのように振る舞うかを理解するという2つの方向性がある。当然，2つを明確に区別することは難しいが，それぞれの観点について，本書の経済実験やシミュレーションの例を参照しながら考えてみよう。

　3章のゼロ知能エージェントによるマルチエージェントシミュレーションの例は，システムを理解するというアプローチに属する。ゼロ知能エージェントは，ランダムに行動するだけであるが，単に価格制約条件を入れるだけで，ゼロ知能エージェントによる市場の振舞いを調べると，総余剰という点で高い市場効率性を示すことができた。これは，エージェントがたとえ知能を持たずランダムのような振舞いをしようが，市場メカニズムが適切に機能することを意味しており，1つのシステムとして市場を見たとき，システム自体が有する性能を明らかにすることができたと考えられる。

　一方，8章の公共財ゲームのシミュレーションでは，モデル1（短視的最適反応）とモデル2（短視的模倣学習）の2つの行動モデルを用いて，どのように振る舞うかを調べた。それぞれの行動モデルにより，エージェント間にどのよ

システムの理解 vs. 行動の理解

1. ダブルオークションのマルチエージェントシミュレーション（3章）

> ランダムに振る舞うエージェント（ゼロ知能エージェント）でも高い市場効率性を達成できる。

システムとしての市場が有する機能を明らかにした。

2. 公共財ゲームにおけるマルチエージェントシミュレーション（8章）

> 仮定した行動モデルによって，システム全体としてどのような振舞いが現れるかを観察し，経済実験で得られた行動と比較する。

人間の行動への理解を深めることができる。

スライド **9.3**　システムの理解 vs. 行動の理解

うな相互作用が生じ，結果としてどのような状態に収束するのかを見ることができる。さらに，シミュレーションの結果と実際の人間の振舞いとを比較することで，人間の行動についてより理解が深まるのである（スライド **9.3**）。

　マルチエージェントシミュレーションと実際の人間の行動とを対比させながら考えれば，対象としたマルチエージェントシステムそのものについての分析もできるし，そのシステム内の個々の振舞いについても理解を深めてくれる。

9.5　シミュレーションで経済実験の行動を再現する

　5章では，Anufriev and Hommes (2012) による Heuristics Switching モデルによって，それらが経済実験の結果をよく再現していることを示した。また，本書では扱わなかったほかの例として，Erev and Roth (1998) が用いた強化学

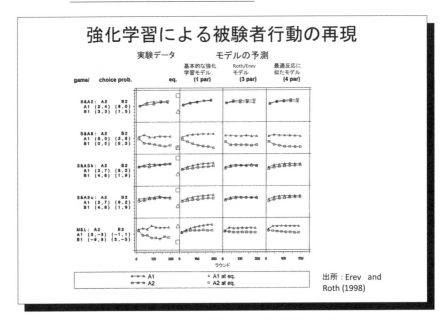

スライド **9.4** 強化学習による参加者行動の再現

習モデルもある (**スライド 9.4**)[†]。ほかにも，公共財ゲームで観察される典型的
な参加者の振舞いを個人進化学習モデルで再現を試みた Arifovic and Ledyard
(2012)，8 章の最後にもふれた繰返しゲーム実験での参加者の振舞いを考えた
Hanaki et al. (2005) や Ioannou and Romero (2014) らもこの範疇に入る。よ
り広く研究者から行動モデルを募り，実験で観察される参加者の行動の再現度
を競うチューリングコンテスト (Arifovic et al., 2006) や選択予測コンテスト
(Erev et al., 2010) の試みも興味深い。これらの研究は，経済実験とマルチエー
ジェントシミュレーションの融合的アプローチの 1 つの例である。参加者の行
動を再現することで，人間の振舞いを深く理解でき，前節で議論した「行動の
理解」に主に寄与するアプローチである。

[†] ただし，このスライドで提示されているゲームはすべて，単一の混合戦略均衡がある
ゲームである。

9.6　行動モデルを所与としてシステム全体の挙動を見る

3章のゼロ知能エージェントのように，ある行動モデルを所与として，システム全体の挙動を観察し，パフォーマンスを調べることができる。この「システムの理解」の具体的な方法は，以下のように大きく2つに分けられる。

- ランダムに振る舞うエージェントを用いる

  システムが有する頑健性などの検証に向いている。3章で示したとおり，非合理に振る舞うエージェントが含まれていても，市場メカニズムがうまく機能し，市場効率性は高く維持できる。すなわち，どのような振舞いをする市場参加者がいようとも，（価格制約という最低限誰しもが満たす条件があるだけで）システム全体の目的である高い市場効率性が実現できる。いわば，システムとしての市場メカニズムが機能するかどうかを検証するシミュレーションである。

  本書では触れていないが，応用的な方法として同様のシミュレーションにより，メカニズムの耐戦略性の検証などにおいても有用であろう。例えば，正直に申告するプレイヤーが正しく高い利得を得ることができているかをチェックすることで，解析的に数学的に証明しなくとも，シミュレーションとしてその性質について議論できる。

- 人間の行動を模したエージェントを用いる

  システムの頑健性を検証するという意味では，ランダムに振る舞うエージェントによって，システムのパフォーマンスを調べることが望ましいが，すべてのパターンを網羅して，徹底的に調べることは計算コストなどの問題から，必ずしも万能であるとは限らない。その代替策として，実際に取られる人間の行動をモデル化し，そのようなエージェントからなるモデルによって，システムの挙動を調べるとよい。例えば，細川 and 西野 (2013) の研究では，小規模な家庭間でやり取りできる分散型電力市場の取引メカニズムについての検証でマルチエージェントシミュレーションを用いており，そこでは経済実験により実際の人間の行動に基づ

いてエージェントの行動モデルを抽出し，それらを用いて分散電力市場
における取引メカニズムのパフォーマンスを比較している。

これらのアプローチは，人間の振舞いを深く理解することはひとまず棚上げ
し，観察された行動を所与として，システム（メカニズム）がどのように機能
するかに着目するアプローチである。

9.7   経済実験の参加者をエージェントに代替させる

Akiyama et al. (2017) によって採用されたアプローチを紹介しよう。4 章で
説明した資産市場実験において，一部の参加者をエージェントに置き換え，経
済実験を実施している。スライド **9.5** に実験の設定と結果を示す。コールマー
ケット（call market）型の資産市場のモデルを用い，全員人間（6H）の場合と
1 人が人間で残り 5 人がエージェント（1H5C）である場合で，両者の振舞いを

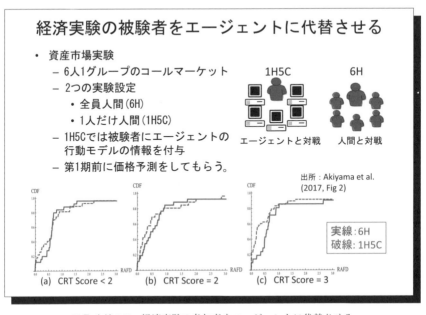

スライド **9.5**　経済実験の参加者をエージェントに代替させる

比較している。また，1H5C の実験では，エージェントの行動モデルについて
は参加者に説明している†。

この実験の目的の 1 つは，なぜバブルが発生するかということを明らかにす
ることである。4 章で説明したとおり，資産市場実験では本質的価値を明示的に
定義することが可能であるが，実験をしてみると，本質的価値よりも高い価格
で取引される場合がしばしば観察される。いわゆる，バブルである。この理由
について，実験のルールがわかっていない，あるいは，非合理な参加者が混じっ
ているからバブルが起こるのだという説明がなされることがあるが，Akiyama
et al. (2017) はそれに対して，かりに個々の参加者が実験のルールがしっかり
わかっていたとしても，ほかの参加者の行動に関する不確実性（戦略的不確実
性）があれば，バブルが発生しうることを示そうとした。

1H5C の実験では，それぞれの参加者は，自分以外の市場参加者は，すべて
エージェントであり，かつ，これらのエージェントはすべて注文価格を資産の
本質的価値と等しくして提出するということを伝えられている。つまり，この
実験設定では戦略的な不確実性は存在しない。よって，もしこの設定で参加者
が価格が資産の本質的価値から乖離すると予測するのであれば，これは，その
参加者が実験設定のなにかしらを理解していないことが影響していると解釈で
きる。一方で，6H では，ほかの 5 人の人間の戦略がわからない。よって，この
設定での参加者の価格予測の本質的価値からの乖離は，戦略的不確実性の影響
によるものも含む。当然，この設定でも個々の参加者の理解不足の影響はある
であろう。よって，この 2 つの実験での，価格予測の本質的価値からの乖離を
比較することで，戦略的不確実性の影響と切り分けることを目指したのである。

スライド 9.5 の下部に示した 3 つのグラフは，第 1 期前に参加者に全 10 期分
の価格の予想をしてもらった価格予測に基づく実験結果である。価格予測の本質

---

† コールマーケット型の市場では，連続ダブルオークションとは異なり，市場参加者が取
引希望価格と取引希望数量を明記して，売り注文や買い注文を（同時に）提出し，提出
されたすべての注文を集約して，取引価格と数量を決定する。このため，エージェント
の行動に関しても比較的単純なものを仮定することができる。Akiyama et al. (2017)
らの実験では，エージェントが各期，買い注文と売り注文の両方の取引希望価格をその
期の資産の本質的価値に設定して注文を出すとし，これを参加者に説明している。

的価値からの乖離の指標として $RAFD$ (relative absolute forecast deviation) を定義したうえで[†1]，横軸に $RAFD$ を取り，その累積分布関数としてプロットしている。6H の結果は実線で，1H5C の結果は破線である。もしも全員の予測が完全に一致する場合には，$RAFD = 0$ のところで 1 となるステップ状の関数となり，乖離が大きければ大きいほど関数より上側の面積が大きくなる。また，結果は cognitive reflection test (CRT，Frederick, 2005) のスコア別に分けて示してあり，認知能力の差によりどのように予想価格が異なるかを表している[†2]。

　結果は，CRT スコアが高い（CRT=3）参加者は，6H と 1H5C とで大きく異なる予想をしていることがわかる。これらの参加者の $RAFD$ の分布は，破線で示している 1H5C のほうが，実線で示している 6H のものよりも左側にある。一方で，CRT スコアが低い参加者は，この 2 つの設定での結果に差がない。すなわち，CRT スコア（認知能力）が高い参加者は，人間相手の市場取引では戦略的な不確実性を考慮し，価格が本質的価値から乖離する可能性を見越して行動することがわかり，これがバブルのいったんになっているかもしれないことを示している。このように，一部の参加者をエージェントに置き換えるという実験方法によって，「参加者本人の非合理性」と「ほかの参加者の戦略の

[†1]
$$RAFD_1^i \equiv \frac{1}{10} \sum_{p=1}^{10} \frac{|f_{1,p}^i - FV_p|}{\overline{FV}}$$

で，$f_{1,p}^i$ は参加者 i が第 1 期目に提出した p 期の市場価格の予想，FV_P は p 期における資産の本質的価値は

$$\overline{FV} \equiv \frac{1}{10} \sum_p FV_p$$

である。

[†2] Akiyama et al. (2017) らが使用した CRT は，以下の 3 問からなる。(1) 1 本のバットと 1 つのボールで 11 000 円します。バットがボールより 10 000 円高いとするとボールはいくらですか？ (2) あるおもちゃを 5 つ作るのに，5 台の機械で 5 分かかるとすると，100 台の機械で 100 個のおもちゃを作るのに何分かかるでしょうか？ (3) ある池に睡蓮の葉が浮かんでいます。それらの葉が池の表面を覆う面積は毎日 2 倍になっていきます。葉が池全体を覆いつくすのに 48 日かかるとすると，池半分を覆うのに何日かかるでしょうか？これらの問題は，いわゆる「ひっかけ問題」であり，真っ先に頭に浮かぶ直感的な答えは正解ではなく，正解にたどり着くには，その直感的な答えを再検討する必要がある。

不確実性」を明確に分離することができる。また，この実験結果が示す認知能力と参加者本人の非合理性の関係は，6章で紹介したレベル K モデルや認知階層モデルの枠組みにもよく当てはまる。

この実験が示したように，一部の人間をエージェントに代替させ，その状況下での人間の振舞いを観察することで，個別の意思決定の特定の影響をうまく分離したり，システム全体に与える影響について細かく調べることができ，より深い分析を可能とする。

本章で議論したような，マルチエージェントと経済実験の融合するアプローチが，今後さらに増えていくことを期待する。

10 章 実 験 経 済 学

◆本章のテーマ

本章では，実験経済学について説明する。実験経済学がどのように発展してきたかについて概観し，選好を統制する方法（価値誘発理論）について述べる。最後に，これまでに行われている中心的な実験トピックを簡単に紹介する。

◆本章を学ぶと以下の内容をマスターできます

☞ 実験経済学のこれまでの発展について

☞ 価値誘発理論によってどのように選好を統制するか

10.1　は じ め に

　前節までに説明したさまざまな種類の経済実験は，これまでに実験経済学において その方法が培われ，発展してきたものである。本節では，実験経済学の歴史的経緯を概観し，実験の方法論的基礎である価値誘発理論について簡単にまとめる。

10.2　実験経済学の発展の経緯

　経済学は長い間，物理学のように統制された実験室で実験することはできない非実験科学であると考えられてきた。そのため，天文学と同じように現実の経済を観察し，分析することで満足しなければならない分野と信じられてきた。しかし，現在では Smith (1976) によって，経済学においても統制された実験を可能にする方法論的基礎が確立され，多くの研究者によって実験が行われている。

　スライド 10.1 に，実験経済学の歴史的な発展を簡単にまとめて示す。多くの書籍などで最初の経済実験と言及されるのは，Chamberlin (1948) のピットマーケットの実験である。そこでは，複数の参加者が大学の教室で，黒板をうまく使って仮想的な市場取引がなされていた。現在の実験経済学を確立した Vernon Smith もその実験の参加者であったといわれている (Miller and Smith, 2005)。文献によっては Thurstone (1931) の財の選択実験が最初と言及される場合もあるが[†]，市場タイプの経済実験という意味では，Chamberlin (1948) が最初であることは間違いない。中でも囚人のジレンマの実験はかなり早い段階から行われており，Flood (1958) の実験が開拓的なものである。実験経済学のコアである価値誘発理論は，10.3 節で内容を説明するが，論文として発行されたのが 1976 年であり，その当時はコンピュータがまだ十分に発達しておらず，紙と鉛筆を使った実験が多くを占めた。1990 年代からはコンピュータ実験が多くなさ

[†]　川越 (2007) などを参照。

実験経済学の歴史的経緯

- 1931年：最初の個人選択実験（Thurstone, 1931）
- 1948年：最初の市場実験（Chemberlin, 1948）
- 1954年：ナッシュによる交渉ゲームの実験（Kalisch et al., 1954）
- 1958年：囚人のジレンマの実験（Flood, 1958）
- 1976年：価値誘発理論（Smith, 1976）
- 1990年代〜：専用実験室でのコンピュータ化実験が盛んに行われる
  ようになる
- 1994年：実社会への応用：周波数帯域オークション
- 1998年：z-Treeの公開
- 2002年：Vernon Smithが実験経済学の確立への貢献に対し，ノーベ
  ル経済学賞を受賞
- 2012年：Alvin Rothがノーベル経済学賞を受賞

スライド **10.1** 　実験経済学の歴史的経緯

れるようになり，情報のやり取りなど，統制も比較的楽にできるようになった。本書でも用いている z-Tree (Fischbacher, 2007) の最初のバージョンは，1998年に研究者を中心に無償†で配布され始めた。

　実験経済学の歴史の中でも，やはりエポックメイキングとなった年は 2002 年のノーベル経済学賞の受賞であろう。2002 年以前でも，例えば米国では，多くの経済実験用の実験室がさまざまな大学で作られ，実験が盛んに行われていたが，その受賞以降，経済実験の重要性が社会的に広く認知され，さらに多くの経済学者が実験に取り組みだした。特に，日本では実験経済学を専門にしている研究者は，非常に小さなグループに限られており，その当時，実際に専用の実験室を持っていたのは，はこだて未来大学，大阪大学，京都産業大学，筑波大学などのごく一部の大学のみであった。それ以降，日本でも多くの経済学者が実験に取り組み始めた。

---

† 　ただし，開発元であるチューリッヒ大とライセンス契約を結ぶ必要がある。

　さらに，実験経済学の歴史において注目すべきは，経済実験の手法が，実社会でも用いられているということである。その最も有名な例は，1994年から米国で行われている周波数帯域オークションである。著名な経済学者が集まり，携帯電話などの周波数帯域を企業に割り当てるための，オークションのメカニズムが設計されたわけであるが，そこでは経済実験の手法が用いられ，理論的な観点からの分析を行う一方で，実際の人間を被験者として，新しく考案されたオークションのメカニズムが機能するか，実験を通して検証されたのである。それによって，経済的なメカニズムに基づいた適切な配分がなされたといわれている。

　加えて，スライドで注目すべきは2012年のAlvin Rothのノーベル経済学賞の受賞である。マッチングなどの理論を実社会で実践し，実社会の問題解決に貢献したことが評価され，受賞に至った。実応用で有名な事例は学校選択問題であるが，Rothらの研究成果が応用され，ボストンの公立の学校進学の選択において，deferred acceptance（DA）のマッチングアルゴリズムが実際に使われるようになったのである。また，研修医と病院のマッチングにおいても，現在では多くの国でDAアルゴリズムが採用されており，これも多くの研究蓄積がなされている。さらには，kidney exchangeと呼ばれる，腎移植におけるドナーと患者のマッチングとしても実応用が展開されている[†]。実社会へ展開するにあたって，経済実験はコアとなる手法である。

　このように，現在では実応用への展開もなされ，経済学者に限らず，多くの分野で経済実験の手法が使われ始めている。しかし，単に人間を被験者として実験すればよいというわけではない。例えば，心理学分野では，実験経済学が現れる以前からずっと被験者実験を行ってきており，それとの明確な違いは価値誘発理論にある。それについては次節で説明しよう。

[†] Roth (2015) は，これらを一般の読者向けにわかりやすく説明している。

10.3 選好の統制を可能にする価値誘発理論

　物理科学などの実験科学では，実験室において条件が統制された実験環境が構築され，そこで観測対象について詳細に調べる。同様に，認知心理学分野で人間を被験者とした実験をする場合でも，統制された環境を準備し，実験が行われる。一方で，経済学が対象としているのは，現実の経済社会システムであり，物理科学などで行われるような統制された環境で実験をすることは，簡単ではない。その理由の1つは，現実の経済は個々の意思決定主体が独自の主観的な判断基準によって振る舞い，それらが局所的な環境において相互作用し，その積み重ねとして経済全体が形成されていくからである。まさに，1章で述べた創発の概念そのものである。そのような経済を対象として，統制された実験環境を作り出すことは通常困難であり，そのため経済学は非実験科学として考えられてきた。経済学者は，現実の経済を観察することで，満足しなければならなかった。

　1章のスライド1.3とスライド1.4で説明したとおり，近代経済学の理論体系の基礎を成しているものは，選好の考え方であり，人々が持つ主観的な価値を二項関係の1つとして客観的に定式化することに成功した。しかし，現実社会の人々は，公理として仮定される反射性，推移性，完備性を有する，客観的で数学的に理想的な性質を満足する選好を持っているかは定かではない。つまり，人間を含む経済システムを実験室で実験しようとしても，人々の選好を統制できないからこそ，経済学において意味のある統制実験が難しいのである。例えば，無菌環境の実験室では不用意に雑菌を入れないように入室時に洗浄し無菌の実験環境を実現するのと同様に，実験対象とする経済システムの構成要素であるすべての人々が，公理系を満たす理想状態としての選好を持っている状況を作り出さなければならない。それができなければ，統制していない物理学実験とまったく同じであり，その実験結果に科学的な信頼性を見い出すことはできない。このような問題に対して，人々の選好を統制する新しい実験の方法論を切り拓いたのが Vernon Smith の価値誘発理論 (Smith, 1976) である。

価値誘発理論

利得に比例した金銭報酬を支払って被験者の選好を統制するための5つの条件を要請（Smith, 1982）

1) **非飽和性**：被験者は与えられる報酬が多ければ多いほど高い効用を得なければならない。つまり，被験者の実験報酬に対する効用関数は単調増加関数でなければならない。

2) **感応性**：実験での結果が望ましいものであるほど被験者は高い報酬を受け取らなければならない。つまり，実験報酬は実験で得た利得に比例したものでなければならない。また，被験者は利得と報酬の関係について十分理解していなければならない。

3) **優越性**：被験者の選択は実験報酬以外の要因に左右されてはいけない。

4) **情報の秘匿**：被験者が自分の利得に関して得た情報は他の被験者に知られてはいけない。

5) **類似性**：被験者の行動や実験において検討される経済制度に関する実験結果は，他の条件が等しい限り，現実の経済にも適用可能でなければならない。

スライド **10.2**　価値誘発理論

　スライド **10.2** に示すように，実験に参加する被験者の選好を統制するにあたり，価値誘発理論は5つの条件を要請している†。また，スライド **10.3** には，そのような条件を満たすことにより，なぜ選好を統制することが可能であるかを示している。特に，条件 1) と 2) を満たすに当たって，国内通貨を使って，実験中に被験者が得た得点に比例するよう実験報酬を与えれば，比較的容易に満たすことができる。また，条件 3) を実現するために，スライド **10.4** のようなパーティションで区切られた実験室が用いられる。そのようなブースで囲まれた統制環境を作らなければ，例えば，隣の被験者が友達だったりすれば，その影響により行動が変化するかもしれないし，あるいは，周りの参加者に対して見栄を張りたいために，必ずしも本来選択したくない行動などをとるかもしれない。そのような予期せぬ不用意な振舞いが実験内に含まれると統制が効かなくなる。

---

†　なお，各条件の説明は，川越 (2007) で説明されている表現をそのまま利用した。

条件1)〜3)を満たす報酬手段で被験者の選好統制が可能

- 2つの財 x, y に関する効用関数 $u(x,y)$ を被験者に誘発したい。
- x, y に応じて報酬 $\Delta m = u(x,y)$ を支払う。
- 被験者の真の効用関数 $w(x,y)$ は観察不可能。
  ただし，$w(x, y) = v(m + u(x, y), z + \Delta z)$ であり，m は初期の貨幣保有量で，z は貨幣以外の要因である。
- 1)〜3)の条件から，以下の関係式が成り立つ。

$$\frac{w_x}{w_y} = \frac{v_1 u_x + v_2 \triangle z_x}{v_1 v_y + v_2 \triangle z_y} = \frac{v_1 u_x}{v_1 u_y} = \frac{u_x}{u_y}$$

（ただし，優越性より $v_2=0$，非飽和性より $v_1>0$）

> 式中の変数についた添え字はその変数での偏微分を表す。1と2は1番目の変数，2番目の変数での偏微分という意味である。

効用関数 $u(x,y)$ の限界代替率と，被験者の真の効用関数 $w(x,y)$ の限界代替率が一致

> Hicks (1939) の補題から，この2つの効用関数の限界代替率がいつも一致しているなら同一の選好を表していると結論できる。

スライド **10.3** 価値誘発理論（つづき）

実際の実験室

東京大学の大学院工学系研究科技術経営戦略学専攻内に設置された実験室

大阪大学の社会経済研究所内に設置された実験室

スライド **10.4** 実際の実験室

　以上のように，実験経済学の研究では，価値誘発理論の要請を満たす形で，実験の得点に比例した報酬を支払うという方法がとられる。一方で，心理学の実験では，単に参加謝金として一定額を支払うことが多いが，選好を統制するという部分が異なるからである。読者が研究として選好を統制した実験を行う場合に，もし被験者に謝金を払わず（価値誘発理論を満たさずに）に実験を行えば，それによって得られた結果は統制されていない実験結果でしかないとみなされるであろう。研究として進めるならば，その点には是非留意されたい。

　なお，本書で用いた実験結果の多くは，東京大学大学院工学系研究科技術系戦略学専攻の講義中に実験したものであり，実験謝金を支払っていない。すなわち，価値誘発理論による条件を満たしておらず，正しく統制ができていない結果であることに留意してほしい。そのため，正しく統制ができている実験であれば出ないであろう特異点のような値が含まれてるのも事実である。読者の皆さんが講義などで実験をされる場合にも，教育目的であれば，そこまで厳密な統制をかける必要はないだろう。

10.4　これまでに行われている実験トピック

　スライド 10.5〜スライド 10.7 に実験経済学分野における代表的な実験のトピックについてまとめた。経済実験は大きく分けると，ゲーム環境の実験と市場環境の実験，個人の選択実験という 3 種類に分類できる。ゲーム環境の実験については，ゲーム理論からの発展で実験が計画され，実施されることが多い。ゲーム理論は元来，人間の意思決定についての理論体系であり，その状況をそのまま人間にさせることは容易である。そのため，スライド 10.5 に示すとおり，囚人のジレンマ，最後通牒ゲーム，美人投票ゲーム，公共財ゲームなど，ゲーム理論においてもこれまでに研究蓄積が多いものは，そのまま実験が行われることが多い。ゲーム理論が対象とする社会的な事象は多岐にわたるため，それに対応する経済実験も数多くなされており，このスライドに示す内容以外にも広く実験は展開されている。

ゲーム環境下の経済実験

- **囚人のジレンマ実験**
  - 開拓的なものとしては，DresherとFloodが1950年代に実施（Flood, 1958）
  - その後，膨大な数の実験研究が行われる。
- **最後通牒ゲーム実験**
  - 初期の実験は80年代に実施（Güth et al., 1982）
  - この実験での振舞いは，公平性や社会的選好の問題に関連し，多くの研究者が取り組む。
- **美人投票ゲームの実験**
  - Nagel（1995）が最初に実験を行った。
  - Keynes（1936）が株式投資を美人投票に例えた話をもとに，その状況をうまく実験で表現した。
- **公共財供給ゲームの実験**
  - 繰返しゲームとして実験（Andreoni, 1988）
  - コストをかけて他メンバーへの罰則を与える実験（Fehar and Gächter, 2000；2002）
  - 逆に報酬を与えるタイプの実験（Sefton et al., 2007）

スライド **10.5**　ゲーム環境下の経済実験

市場タイプの経済実験

- **ダブルオークション**
  - Chamberlin（1948）の実験を受けて，Smith（1962)がダブルオークションとして実施
  - これまでに多くの実験がなされる。
- **（シングル）オークション**
  - Vickrey（1961)が早い段階でオークションの実験を行っている。
  - 勝者の呪いを確認したBazerman and Samuelson(1983)の実験が有名
  - バリエーションが多く，さまざまなタイプの実験が行われている。
- **資産市場実験**
  - ダブルオークションを拡張
  - Smith et al.(1988）が実験室実験でバブルの発生を示す。
  - 非常に多くのバリエーションの実験が現在までに多くなされる。
- **応用的なケース**
  - 排出権取引の実験（Hizen and Saijo, 2001）
  - 社会的責任投資を考慮した実験（西野 et al., 2017）

スライド **10.6**　市場タイプの経済実験

個人の意思決定を対象にした実験

- **財の選択実験**
  - Thurstone(1931)の財の消費に関する選択実験
  - 現在は，コンジョイント分析，ランダム効用理論に基づく離散選択モデルの発展とともに，選択型の実験が多くなされ，支払意思額の推計などへ応用されている。
- **リスク環境下での選択**
  - くじの選択意思決定が多くを占め，これまでにリスクに対する態度など多くの研究がある。
  - 初期研究の中でも有名なものはAllais (1953) の実験
  - プロスペクト理論 (Kahneman and Tversky, 1979) とも深く関連
  - 現在の行動ファイナンスの分野へと発展
  - 真の確実性等価を引き出すBDMメカニズム (Becker et al., 1964), リスクに対する態度の統制手法 (Breg et al., 1986)
- **時間選好**
  - Maital and Maital (1978) が初期の実験
  - 割引率の測定が主たる目的で，その後も多くの実験が行われている。

スライド **10.7** 個人の意思決定を対象にした実験

　市場環境の実験は，オークション，ダブルオークション，資産市場実験が代表的なものである。本書でも，そのうちの2つのトピックを扱った。オークションはメカニズムデザイン分野などとも深く結びつき，さまざまな研究が行われている。本書では触れなかったが，興味のある読者はオークションの実験についても学んでほしい†。市場実験は，2〜5章でも触れたように経済理論との結びつきが強く，実験の背後には美しく抽象化された理論的なモデルがある場合がほとんどである。しかしながら，スライド10.6でも示しているように，一部で実社会を考慮した応用的な実験を行っている研究なども存在する。

　スライド10.7は個人選択実験の代表的トピックをまとめたものである。基本的な枠組みは，選択肢を与え，被験者個人に選択させるというタイプのものが多い。有名なのは，くじの選択の意思決定実験である。これらの実験では，被験者間の相互作用はまったくなく，個人が独立した実験となる。時間選好の実

---

†　Kagel (1995) と Kagel and Levin (2017) に 2006 年ぐらいまでのオークションの実験研究がまとめられている。

験では，今1000円もらうのと，1年後に1100円もらうのとどちらがよいか，といった選択肢を提示し，被験者に選ばせる。それによって，人々が有している時間割引率などを推計しようとするアプローチなどが存在する。

　くじの選択実験は，一般にリスク環境下に対する意思決定を調べるものである。ここで，プロスペクト理論との関連について少し触れておこう。有名なプロスペクト理論 (Kahneman and Tversky, 1979) の論文では，人々のくじに対する選択結果が載せられているが，それらの結果は必ずしも価値誘発理論の形式に則って，現金報酬を渡しているわけではない。そういう観点からは，極端な分け方と批判を受けるかもしれないが，プロスペクト理論は心理学実験の成果をもとに構築された意思決定理論の成果であり，もともとは実験経済学の研究成果に基づいたものではなかったのである。しかし，現在では，これらのくじの選択に対しても，きっちり現金報酬を与える研究も多く存在し，プロスペクト理論で記述されるさまざまな“心理的なバイアス”（損失回避や確率の重み付けなど）が観察されることが確認されている。

　プロスペクト理論につながった一連の実験のように，必ずしも選好を統制しない心理学実験の成果からも多くを学ぶことができる。明確な違いを定義することは難しいが，（心理学実験を含む）実験で観察された行動に基づいて心理的な要素を取り入れた理論モデルを構築し分析するアプローチは一般に広く行動経済学と呼ばれることが多く，一方で実験室で統制し価値誘発理論に基づいて報酬を支払うタイプの研究分野は実験経済学と呼ばれる。**スライド 10.8** に実験経済学，行動経済学，心理学についてまとめた。最後の章でも少し言及するが，実験経済学の特徴である選好の統制がマルチエージェントにおける行動科学には非常に重要と考えるために，本書はあくまでも実験経済学の手法を基に，マルチエージェントにおける行動モデルを考えるというアプローチをとっている。

実験経済学，行動経済学，心理学

- 2002年にVernon Smith と Daniel Kahneman にノーベル経済学賞が授与された。
- Smithは「実証的な経済分析としての実験室実験の方法を確立し，とりわけ市場メカニズムの比較研究を行ったこと」に対して授与
- Kahneman は「心理学の研究から得られた洞察を経済学に統合し，とりわけ不確実性下の人間の判断や意思決定を研究したこと」に対して授与

心理学との違いは主として2つある（川越，2007）
- 実験経済学では，経済理論やゲーム理論の予測に基づいて，先験的に得られた理論仮説があるのに対し，心理学の実験では多くの場合，直感的な経験的法則性を記述する傾向がある。
- 経済学は，与えられた社会・経済制度の下で課されるインセンティブに人間がどのように反応するのかという状況分析に関心があるのに対し，心理学では時代・文化を超えた人間の認知・思考・判断・行動の普遍的一般法則に関心がある。

スライド **10.8**　実験経済学，行動経済学，心理学

11章 おわりに

◆本章のテーマ

　本書のまとめとして，社会経済システムを対象としたマルチエージェントが抱える問題の本質について検討する。物理現象のシミュレーションとの対比で，マルチエージェントにおける支配方程式に相当するものは何かについて考察する。最後に，実験経済学とマルチエージェントのさらなる融合を期待し，本書を締めくくる。

◆本章の構成（キーワード）

11.1　マルチエージェントが抱える問題の所在
　　　　支配方程式

11.2　マルチエージェントシステムの構成について再検討する
　　　　相互作用，メカニズム，戦略

11.3　実験経済学とマルチエージェントの融合に対する今後の期待
　　　　文理融合

◆本章を学ぶと以下の内容をマスターできます

☞　マルチエージェントが抱える問題の本質

☞　エージェント間の相互作用を決定づけるもの

11.1　マルチエージェントが抱える問題の所在

1.2 節で指摘したように，社会経済システムを対象としたマルチエージェントは，行動モデルを裏付ける理論的根拠の不十分さが否めない。その対処として (1) KISS 原理に従う，(2) 実データの利用，(3) 社会科学の知見の利用，の 3 点を挙げたが，そもそも問題の所在はどこにあるのだろうか。本節でその点について考察してみたい。

物理現象のシミュレーションといえば，現在はさまざまな分野で用いられ，産業界でも製品の開発などで利用されているのに対し，社会経済システムのマルチエージェントが，実際のビジネスシーンや社会政策などで使われることはいまのところ少なく，その数は非常に限られている。物理現象のシミュレーションは信頼性があると考えられているが，社会経済を対象としたマルチエージェントはそうではない。この差はどこにあるのだろうか。**スライド 11.1** に，物理シ

マルチエージェントにおける問題の所在

物理現象の数値シミュレーション

Fig. 自動車周りの流れのシミュレーション（出所：保原ら，1992）

対象に応じた支配方程式によって挙動が記述される。例えば流体なら，Navier-Stokes方程式が用いられる。

社会現象のマルチエージェントシミュレーション

相互作用　　　　　　　環境

支配方程式に相当するもの ＝ 相互作用

・社会現象では複雑で多種多様な場合が多い
・客観的で信頼ある形で記述することが必要

スライド 11.1　マルチエージェントにおける問題の所在

ミュレーションの例として，流体のシミュレーションの例を示した。流体力学においては，Navier-Stokes方程式が支配方程式であり，流体の物理的な挙動はこの方程式に従うものとされる。現時点では，特定の条件を除きNavier-Stokes方程式の厳密解を求めることができず，そのために数値シミュレーションが用いられる。流体以外でも，力学的な現象であればニュートンの運動方程式が，量子力学であればシュレディンガー方程式が，支配方程式として用いられている。これらの支配方程式は科学的に十分に信頼に足るものであり，正しいものとして受け入れられる。

　一方，社会経済システムのマルチエージェントにおける支配方程式に相当する部分は，果たして何だろうか？スライド11.1の右側に示すように，おそらくそれはエージェント間の関係性を決定づける相互作用である。しかしながら，社会経済システムを対象とした場合には，その関係性は多種多様で，個人の主観による部分が大きく，物理シミュレーションと異なり，エージェント間の相互作用を客観的で信頼ある形式で記述することは，少なくとも現時点では難しい。だからこそ，KISS原理として指摘されるように，できるかぎりシンプルにすることで，創発過程で何が起こったのかを理解し，きちんと説明できる形にすることが必要なのである。しかし一方で，現在はビッグデータの時代であり，社会における人々の行動履歴等を分析することで，その相互作用に相当する部分について，多くの信頼性のある知見を蓄積することができるだろう。単にシンプルにすることだけが唯一の方法ではない。この点については，今後の発展に期待するところである。また，本書の立場は，その相互作用を決定づける根拠として，経済理論や実験経済学などの社会科学にその拠り所を求めた，ということなのである。

　それでは，マルチエージェントシミュレーションがより信頼あるものとして，産業界や実際の政策決定などに応用されるためには，なにが必要なのであろうか？この点を考察するにあたり，材料力学の分野をはじめ，さまざなな工学的分野で応用されている有限要素法によるシミュレーションとのアナロジーで考えてみよう。スライド**11.2**に示すように，有限要素法は対象となる連続体を細

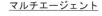
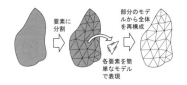
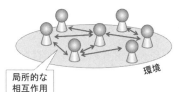

スライド 11.2 有限要素法とのアナロジー

かい要素（メッシュ）に分け，その要素間の単純な力学的関係性として記述し，それらをすべて積み重ねて全体の力学的な挙動を調べる。これは，エージェント間で局所的に相互作用し，それらによって全体が創発するというマルチエージェントと近い思想であることがわかるだろう。

さて，有限要素法はその性質上，厳密解を求めることは不可能であり，初期の頃は実産業への応用もそれほど多くなく，場合によっては信頼されないシミュレーションであるものとみなされることも少なくなかった。しかし，理論的な解析が進められ，実際の実験結果との一致など多くの研究成果が蓄積され，その信頼性を高めていった。マルチエージェントと異なり，有限要素法において特筆すべき点は，メッシュを細かくしていけば，微分方程式を解いて得られる厳密解に収束する事が数学的に証明されているということである[†]。これにより，現在の信頼されるシミュレーションツールとしての立ち位置を確固たるものにし

[†] 例えば，手塚 and 土田 (2003) の 2.3 節を参照。

たのである。マルチエージェントにおいても，実際の社会現象との比較を行ったり，経済実験などを通じて，シミュレーション結果が実験や実証データと一致し，信頼性に寄与する結果を出し続けなければならない。さらには，有限要素法の例のように，エポックメイキングとなる画期的な理論論文が必要であることも確かである。

　以上の議論をまとめると，結局のところ，マルチエージェントには信頼にたる支配方程式に相当するものが存在しないことが大きな問題であるといえるだろう。

11.2 マルチエージェントシステムの構成について再検討する

　支配方程式の問題を考えるにあたり，マルチエージェントシステムの構成について，ゲーム理論的な枠組みをベースに改めて考えてみよう。**スライド 11.3**

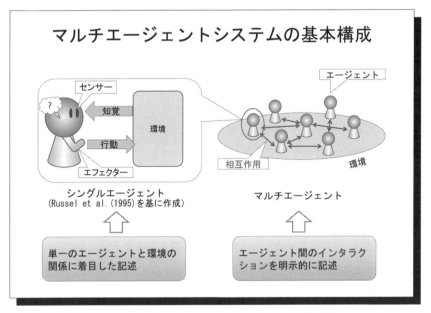

スライド 11.3　マルチエージェントシステムの基本構成

に示すとおり，単一のエージェントであれば周囲の環境を知覚し，状態空間か
ら行動空間へのマッピングとして，その関係性で行動モデルを記述すればよい
が，マルチエージェントになると単なるシングルエージェントの積み重ねでは
済まない場合も往々に発生する。例えば，エージェント間の通信など，局所的
な相互作用について明示的に記述することが求められる。特に社会経済システ
ムを対象にした場合には，この相互作用に相当するものはなんであろうか。

　ゲーム理論の標準的な定式化は，プレイヤー，行動，利得（選好）の3つの
要素によってなされる。マルチエージェントにおいても，エージェントを規定
し，取りうる行動を定義し，効用関数などを用いてエージェントが有する選好に
ついても記述するため，ゲーム理論との対応関係がある。しかし，マルチエー
ジェントシミュレーションを実装しようと思えば，エージェントが置かれた環
境を明示的にプログラム上で記述しなければならない。また，場合によっては
対象とした社会システムが有する制度（メカニズム）についてもプログラム上
では書く必要がある。加えて，与えられた選択肢（行動）からエージェントは
どのように選択するかという戦略に相当する部分を決めなければならない。こ
の部分は，まさに行動モデルといってもよいだろう。さらに，場合によっては，
達成すべきシステム全体の目標も明示的に考えなければならない。ゲーム理論
の**パレート最適性**[†]の議論はこの部分に相当するだろう。さて，**スライド11.4**
のように創発システムとして，マルチエージェントシステムを描き直せば，シ
ステムとして記述すべきは構成されるエージェント，環境，制度，全体目的で
あり，一方で，エージェント自体には行動，選好，戦略の記述が必要である。

　以上のようなフレームワークで考えると，エージェント間の局所的な相互作
用を決定づけるものは，制度と戦略である。つまり，制度によって行動の仕方
に制約を受けたり，エージェントに与える情報なども規定され，そして，エー
ジェントが有する戦略（行動モデル）を通じて，相互作用が実現するのである。

[†]　パレート最適性は，ゲーム理論のみならず，経済学で広く用いられる概念である。パ
　　レート最適な状態とは，だれかの利得を上げるためには，ほかのだれかの利得を下げな
　　ければならないような状態をいう。

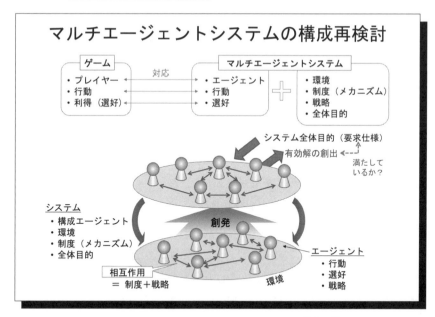

スライド11.4 マルチエージェントシステムの構成再検討

制度については，客観的に何らかのメカニズムとして記述することが可能であるのに対し，戦略については依然として妥当性を担保することが困難である。この戦略部分を，客観的で妥当なものとして記述できれば，前節で指摘した支配方程式に相当する部分について，根拠ある記述が可能になるはずである。

　この戦略の部分はまさに人間がつかさどっている部分であり，そういう意味で実験経済学が大きく貢献できるはずである。10章で説明したように，経済実験の手法は価値誘発理論に基づいて選好を統制するところに特徴がある。統制された選好のもとで，実際の人間がどのように振る舞うかを観察することができる。すなわち，このエージェントの戦略の部分について，細かく分析することができる手法なのである。統制された実験室を用いるため，その他の部分は容易に統制することができ，観察したい戦略部分にフォーカスして分析することができる。すなわち，選好を統制する実験手法が，マルチエージェントシミュレーションの発展の大きな鍵になるのである。9章でまとめた内容は，その一

端となるはずである。

11.3　実験経済学とマルチエージェントの融合に対する今後の期待

　前節までで述べたとおり，実験経済学とマルチエージェントの両分野の連携・融合が進むことで，上記の支配方程式の問題に対する解決の糸口になると期待できる。現在のところ，日本におけるそれぞれの分野のコミュニティ間での結びつきは，それほど多くない。文系と理系という壁もその障壁となっていることも事実であろう。しかし，文理融合が叫ばれるこんにち，この両分野の生産的な連携と融合への社会的なニーズが高まっているのも確かである。

　世界的に見れば，実験経済学とマルチエージェントをうまく結びつけている研究はそれほど数が多いとはいえないが，それでも一部の研究者は積極的に研究を進めており，例えば，Hommes (2013) や Kirman (2011) といった，それらをまとめた出版物もある。しかし，教科書としてまとめられたものは，筆者らが知る限りにおいてはまだ存在しない。この教科書が，両分野の結びつきを強めるきっかけとなれば幸いである。

ACKERT, L. F., CHARUPAT, N., CHURCH, B. K. AND DEAVES, R. (2006): "Margin, Short Selling, and Lotteries in Experimental Asset Markets," *Southern Economic Journal*, **73**, pp.419–436

AKIYAMA, E., HANAKI, N. AND ISHIKAWA, R. (2014): "How do experienced traders respond to inflows of inexperienced traders? An experimental analysis," *Journal of Economic Dynamics and Control*, **45**, pp.1–18

———— (2017): "It is not just confusion! Strategic uncertainty in an experimental asset market," *Economic Journal*, **127**, pp.F563–F580

ALLAIS, M. (1953): "L'Extension des Theories de l'Equilibre Economique General et du Rendement Social au Cas du Risque," *Econometrica*, **21**, pp.269–290

ANDREONI, J. (1988): "Why free ride? Strategies and learning in public goods experiments," *Journal of Public Economics*, **37**, pp.291–304

———— (1989): "Giving with Impure Altruism: Applications to Charity and Ricardian Equivalence," *Journal of Political Economy*, **97**, pp.1447–1458

———— (1990): "Impure Altruism and Donations to Public Goods: A Theory of Warm-Glow Giving," *The Economic Journal*, **100**, pp.464–477

ANDREONI, J. AND CROSON, R. T. A. (2008): "Partners versus strangers: Random rematching in public goods experiments," in *Handbood of Experimental Econoics Results*, ed. by C. R. Plott and V. L. Smith, Amsterdam: Elsevier, **1**, chap. 82

ANUFRIEV, M. AND HOMMES, C. (2012): "Evolutionary selection of individual expectations and aggregate outcomes in asset pricing experiments," *American Economics Journal, Microeconomics*, **4**, pp.35–64

ARIFOVIC, J. AND LEDYARD, J. (2012): "Individual evolutionary learning, other-regarding preferences, and the voluntary contributions mechanism," *Journal of Public Economics*, **96**, pp.808–823

ARIFOVIC, J., MCKELVEY, R. D. AND PEVNITSKAYA, S. (2006): "An initial implementation of the Turing tournament to learning in two person games," *Games and Economic Behavior*, **57**, pp.93–122

AXELROD, R. (1980a): "Effective Choice in the Prisoner's Dilemma," *The Journal of Conflict Resolution*, **24**, pp.3–25

———— (1980b): "More Effective Choice in the Prisoner's Dilemma," *The Journal of Conflict Resolution*, **24**, pp.379–403

BAO, T., HOMMES, C., SONNEMANS, J. AND TUINSTRA, J. (2012): "Individual expectations, limited rationality and aggregate outcomes," *Journal of Economic Dynamics and Control*, **36**, pp.1101–1120

BECKER, G. M., DEGROOT, M. H. AND MARSCHAK, J. (1964): "Measuring utility by a single-response sequential method," *Behavioral Science*, **9**, pp.226–232

BECKER, G. S. (1962): "Irrational Behavior and Economic Theory," *Journal of Political Economy*, **70**, pp.1–13

BERG, J. E., DALEY, L. A., DICKHAUT, J. W. AND O'BRIEN, J. R. (1986): "Controlling Preferences for Lotteries on Units of Experimental Exchange," *Quarterly Journal of Economics*, **101**, pp.281–306

BERGSTROM, T. AND MILLER, J. (1999): *Experiments with Economic Principles: Microeconomics*, 2nd, McGraw-Hill

BREMER, S. A. AND MIHALKA, M. (1977): "Machiavelli in machina: Or politics among hexagons," in *Problems of World Modeling: Political and Social Implications*, eds. by Karl W. Deutsch et al., Boston: Balliger, chap., pp.303–337

BURTON-CHELLEW, M. N. AND WEST, S. A. (2013): "Prosocial Preferences do not explain human cooperation in public-goods games," *Proceeding of National Academy of Science*, U.S.A., **110**, pp.216–221

CAMERER, C. F., HO, T.-H. AND CHONG, J.-K. (2004): "A cognitive hierarchy model of games," *Quarterly Journal of Economics*, **119**, pp.861–898

CHAMBERLIN, E. H. (1948): "An Experimental Imperfect Market," *Journal of Political Economy*, **56**, pp.95–108

CHEUNG, S. L., HEDEGAARD, M. AND PALAN, S. (2014): "To See is To Believe: Common Expectations in Experimental Asset Markets," *European Economic Review*, **66**, pp.84–96

CONLISK, J. (1996): "Why bounded rationality?" *Journal of Economic Literature*, **34**, pp.669–700

CROSON, R. T. A. (1996): "Partners and strangers revisited," *Economics Letters*, **53**, pp.25–32

DE LONG, J. B., SHLEIFER, A., SUMMERS, L. H. AND WALDMANN, R. J. (1990): "Positive Feedback Investment Strategies and Destabilizing Rational Speculation," *Journal of Finance*, **45**, pp.379–395

DUCHÊNE, S., GUERCI, E., HANAKI, N. AND NOUSSAIR, C. N. (2019): "The effect of short selling and borrowing on market prices and traders' behavior," *Journal of Economic Dynamics and Control*, **107**, 103734

DUFFY, J. AND ÜNVER, M. U. (2006): "Asset price bubbles and crashes with near-Zero-Intelligence traders," *Economic Theory*, **27**, pp.537–563

EDMONDS, B. AND MOSS, S. (2005): "From KISS to KIDS- An 'anti-simplistic' modelling approach," in *Lecture Notes in Computer Science* (including subseries Lecture Notes in Artificial Intelligence and Lecture Notes in Bioinformatics), vol. 3415 LNAI, pp.130–144

EPSTEIN, J. AND AXTELL, R. (1996): *Growing artificial societies: social science from the bottom up*, Cambridge, MA.

EREV, I., ERT, E. AND ROTH, A. E. (2010): "A choice prediction competition for market entry games: an introduction," *Games*, **2**, pp.117–136

EREV, I. AND ROTH, A. E. (1998): "Predicting how people play games: reinforcement learning in experimental games with unique, mixed strategy equilibria," *American Economic Review*, **88**, pp.848–881

——— (1999): "On the role of reinforcement learning in experimental games: The cognitive game-theoretic approach," in *Games and Human Behavior: Essays in Honor of Amnon Rapoport*, ed. by D. V. Budescu, I. Erev, and R. Zwick, Lawrence Erlbaum Associates, Inc., chap. 4, pp.53–77

FEHR, E. AND GÄCHTER, S. (2002): "Altruistic punishment in humans," *Nature*, **415**, pp.137–140

FEHR, E. AND SCHMIDT, K. M. (1999): "A theory of fairness, competition, and cooperation," *Quarterly Journal of Economics*, **114**, pp.817–868

FISCHBACHER, U. (2007): "z-Tree: Zurich toolbox for ready-made economic experiments," *Experimental Economics*, **10**, pp.171–178

FLOOD, M. M. (1958): "Some Experimental Games," *Management Science*, **5**, pp.5–26

FREDERICK, S. (2005): "Cognitive reflection and decision making," *Journal of*

Economic Perspectives, **19**, pp.25–42

GÄCHTER, S., HERRMANN, B. AND THÖNI, C. (2010): "Culture and Coopera-
tion," *Philosophical Transactions of The Royal Society B*, **365**, pp.2651–2661

GARBER, P. M. (1989): "Tulipmania," *Journal of Political Economy*, **97**,
pp.535–560

GODE, D. K. AND SUNDER, S. (1993): "Allocative Efficiency of Markets with
Zero-Intelligence Traders: Market as a Partial Substitute for Individual Ratio-
nality," *Journal of Political Economy*, **101**, pp.119–137

—— (1997): "What makes markets allocationally efficient?" *Quarterly Journal
of Economics*, **112**, pp.603–630

GÜTH, W., SCHMITTBERGER, R. AND SCHWARZE, B. (1982): "An experimental
analysis of ultimatum bargaining," *Journal of Economic Behavior and Orga-
nization*, **3**, pp.367–388

HANAKI, N., AKIYAMA, E. AND ISHIKAWA, R. (2018): "Effects of different ways
of incentivizing price forecasts on market dynamics and individual decisions in
asset market experiments," *Journal of Economic Dynamics and Control*, **88**,
pp.51–69

HANAKI, N., KORIYAMA, Y., SUTAN, A. AND WILLINGER, M. (2019): "The
strategic environment effect in beauty contest games," *Games and Economic
Behavior*, **113**, pp.587–610

HANAKI, N., SETHI, R., EREV, I. AND PETERHANSL, A. (2005): "Learning
strategy," *Journal of Economic Behavior and Organization*, **56**, pp.523–542

HARUVY, E., LAHAV, Y. AND NOUSSAIR, C. N. (2007): "Traders' Expectations
in Asset Markets: Experimental Evidence," *American Economics Review*, **97**,
pp.1901–1920

HARUVY, E. AND NOUSSAIR, C. N. (2006): "The effect of short selling on bub-
bles and crashes in experimental spot asset markets," *Journal of Finance*, **61**,
pp.1119–1157

HEEMEIJER, P., HOMMES, C., SONNEMANS, J. AND TUINSTRA, J. (2009): "Price
stability and volatility in markets with positive and negative expectations feed-
back: An experimental investigation," *Journal of Economic Dynamics and
Control*, **33**, pp.1052–1072

HERRMANN, B., THÖNI, C. AND GÄCHTER, S. (2008): "Antisocial Punishment Across Societies," *Science*, **319**, pp.1362–1367

HIZEN, Y. AND SAIJO, T. (2001): "Designing GHG emissions trading institutions in the Kyoto protocol: an experimental approach," *Environmental Modelling & Software*, **16**, pp.533–543

HOMMES, C. (2013): *Behavioral Rationality and Heterogeneous Expectations in Complex Economic Systems*, Cambridge, UK: Cambridge University Press.

HOMMES, C., SONNEMANS, J., TUINSTRA, J. AND VAN DE VELDEN, H. (2005): "Coordination of expectations in asset pricing experiments," *Review of Financial Studies*, **18**, pp.955–980

IOANNOU, C. A. AND ROMERO, J. (2014): "A generalized approach to belief learning in repeated games," *Games and Economic Behavior*, **87**, pp.178–203

JAFFÉ, W., ed. (1965): *Correspondence of Léon Walras and Related Papers*, **3**, North-Holland.

KAGEL, J. H. (1995): "Auctions: A Survey of Experimental Research," in *Handbook of Experimental Economics*, ed. by J. H. Kagel and A. E. Roth, Princeton, NJ: Princeton University Press, chap. 7, pp.501–586

KAGEL, J. H. AND LEVIN, D. (2017): "Auctions: A Survey of Experimental Research," in *Handbook of Experimental Economics*, ed. by J. H. Kagel and A. E. Roth, Princeton, NJ: Princeton University Press, **2**, chap. 9, pp.563–637

KAHNEMAN, D. AND TVERSKY, A. (1979): "Prospect Theory: An Analysis of Decision under Risk," *Econometrica*, **47**, pp.263–292

KALISCH, G. K., MILNOR, J. W., NASH, J. F. AND NERING, E. D. (1954): "Some experimental n-person games," in *Decsion Processes*, ed. by R. M. Thrall, C. H. Coombs, and R. L. Davis, New York : Wiley, pp.301–327

KEYNES, J. M. (1936): *The General Theory of Employment, Interest and Money*, London: Macmillan

KIRMAN, A. (2011): *Complex Economics. Individual and Collective Rationality*, Oxon, UK: Routledge

LANGTON, C. G. (1989): "Artificial Life," in *Artificial Life*, ed. by C. G. Langton,

Redwood City, CA: Addison Wesley

LEDYARD, J. O. (1995): "Public goods: A survey of experimental research," in *The Handbook of Experimental Economics*, ed. by J. H. Kagel and A. E. Roth, Princeton University Press, chap. 2, pp.111–194

MAITAL, S. AND MAITAL, S. (1978): "Time preference, delay of gratification and the intergenerational transmission of economic inequality: A behavioral theory of income distribution," in *Essays in Labor Market Analysis.*, ed. by O. Ashenfelter and W. Oates, NY: Wiley

MCKELVEY, R. D. AND PALFREY, T. R. (1995): "Quantal response equilibria for normal form games," *Games and Economic Behavior*, **10**, pp.6–38

MCKELVEY, R. D. AND PALFREY, T. R. (1998): "Quantal Response Equilibria for Extensive Form Games," *Experimental Economics*, **1**, pp.9–41

MILLER, R. AND SMITH, V. (2005): *Experimental economics: how we can build better financial markets*, Wiley

NAGEL, R. (1995): "Unraveling in Guessing Games: An Experimental Study," *American Economics Review*, **85**, pp.1313–1326

OFFERMAN, T., POTTERS, J. AND SONNEMANS, J. (2002): "Imitation and belief learning in an oligopoly experiment," *Review of Economic Studies*, **69**, pp.973–997

PATTEE, H. (1989): "Simulations, Realizations, and Theories of Life," in *Artificial Life*, ed. by C. G. Langton, Redwood City, CA: Addison Wesley

PLOTT, C. R. AND SMITH, V. L., eds. (2008): *Handbood of Experimental Econoics Results*, **1**, Amsterdam: Elsevier

PRIGOGINE, I. (1980): *From Being into Becoming*, San Francisco: WH Freeman

ROTH, A. E. (2015): *Who Gets What - And Why: The Hidden World of Matchmaking and Market Design*, New York, NY: HarperCollins Publishers Ltd.

RUSSELL, S. J. AND NORVIG, P. (1995): *Artificial Intelligence: A Modern Approach*, Prentice Hall

SAIJO, T. AND NAKAMURA, H. (1995): "The 'spite' dilemma in voluntary contri-
bution mechanism experiments," *Journal of Conflict Resolution*, **39**, pp.535–
560

SCHELLING, T. C. (1969): "Models of Segregation," *The American Economic
Review*, **59**, pp.488–493

―――― (1971): "Dynamic models of segregation," *Journal of Mathematical So-
ciology*, **1**, pp.143–186

SEFTON, M., SHUPP, R. AND WALKER, J. M. (2007): "The Effect of Rewards
and Sanctions in Provision of Public Goods," *Economic Inquiry*, **45**, pp.671–
690

SIMON, H. A. (1955): "A Behavioral Model of Rational Choice," *Quarterly Jour-
nal of Economics*, **69**, pp.99–118

SKINNER, B. F. (1938): *The behavior of organisms: an experimental analysis.*,
Oxford, England: Appleton-Century

SMITH, V. L. (1962): "An experimental study of competitive market behavior,"
Journal of Political Economy, **70**, pp.111–137

―――― (1976): "Experimental Economics: Induced Value Theory," *American
Economic Review. Papers and Proceedings*, **66**, pp.274–279

―――― (1982): "Microeconomic Systems as an Experimental Science," *American
Economic Review*, **72**, pp.923–955

SMITH, V. L., SUCHANEK, G. L. AND WILLIAMS, A. W. (1988): "Bubbles,
Crashes, and Endogenous Expectations in Experimental Spot Asset Markets,"
Econometrica, **56**, pp.1119–1151

STAHL, D. O. AND WILSON, P. W. (1994): "Experimental evidence on players'
models of other players," *Journal of Economic Behavior and Organization*, **25**,
pp.309–327

SUTAN, A. AND WILLINGER, M. (2009): "Guessing with negative feedback: An
experiment," *Journal of Economic Dynamics and Control*, **33**, pp.1123–1133

THURSTONE, L. L. (1931): "The Indifference Function," *The Journal of Social
Psychology*, **2**, pp.139–167

TRICHET, J.-C. (2011): "Reflections on the nature of monetary policy non-
standard measures and finance theory," in *Approaches to Monetary Policy Re-
visited – Lessons From the Crisis*, ed. by M. Jarocinski, F. Smets, and C. Thi-

mann, Frankfurt, Germany: European Central Bank, *conference proceedings Introductory Speech*, pp.12–22

VEGA-REDONDO, F. (1997): "The Evolution of Walrasian Behavior," *Econometrica*, **65**, pp.375–384

VICKREY, W. (1961): "Counterspeculation, auctions, and competitive sealed tenders," *The Journal of Finance*, **16**, pp.8–37

VRIEND, N. J. (2000): "An illustration of the essential difference between individual and social learning, and its consequences for computational analyses," *Journal of Economic Dynamics and Control*, **24**, pp.1–19

WILENSKY, U. (1999): "NetLogo." Tech. rep., *Center for Connected Learning and Computer-Based Modeling*, Northwestern University, Evanston, IL

XIONG, W. AND YU, J. (2011): "The Chinese warrants bubble," *American Economic Review*, **101**, pp.2723–2753

上田完次 (2007): 創発とマルチエージェントシステム, 培風館

岡田　章 (2014): ゲーム理論・入門新版–人間社会の理解のために, 有斐閣

川越敏司 (2007): 実験経済学, 東京大学出版会

手塚　明, 土田英二 (2003): アダプティブ有限要素法, 丸善

寺野隆雄 (2003): "エージェントベースモデリング：KISS 原理を超えて," 人工知能学会誌, 18, pp.710–715

西野成昭, 本田智則, 赤井研樹, 青木恵子, 稲葉　敦 (2017): "CO_2 排出量の開示を導入した資産市場モデルにおける投資行動の分析：経済実験によるアプローチ," 日本 LCA 学会誌, **13**, pp.60–72

細川　渉, 西野成昭 (2013): "小規模消費者を対象とした分散型電力取引メカニズムの提案," 電気学会論文誌 C, **133**, pp.1738–1751

保原　充, 大宮司久明 (1992): 数値流体力学—基礎と応用, 東京大学出版会

渡辺隆裕 (2008): ゼミナール ゲーム理論入門, 日本経済新聞出版社

索　　引

【ら】

ランダム効用モデル　147

【り】

利他性　145

【る】

ルーカス　9

【れ】

レオン・ワルラス　7

レベル K モデル　99
連続時間のダブル
　オークション方式　54

【わ】

ワルラス均衡　136

【A】

Alvin Roth　159

【B】

Battle of the Sexes
　ゲーム　140
Bergstrom and Miller　16

【C】

cognitive reflection
　test　59, 154
common knowledge of
　rationality　95
CRT　154

【E】

ECU　53

【F】

fundamental value　52

【G】

Gode and Sunder　12, 34

【H】

Heuristics　85
Heuristics Switching
　モデル　77, 88
Hommes　10, 175

【K】

Kahneman and Tversky　146
Keynes　94
KIDS　5
Kirman　175
KISS 原理　4, 5, 12, 35, 170

【N】

negative feedback　78
NetLogo　13, 33, 62, 124

【P】

positive feedback　78
procedure　36

【Q】

QRE　147

quantal response
　equilibrium　147

【R】

RAFD　154

【S】

Schelling　2
Smith　34, 52

【T】

tit-for-tat　113
Trichet　11

【U】

Urs Fischbacher　14

【V】

Vernon Smith　157, 160

【Z】

z-Tree　13, 16, 92, 158

―― 著 者 略 歴 ――

西野 成昭（にしの　なりあき）
1999年　神戸大学工学部機械工学科卒業
2001年　神戸大学大学院自然科学研究科博士前
　　　　期課程修了（機械工学専攻）
2004年　東京大学大学院工学系研究科博士後期
　　　　課程修了（精密機械工学専攻），
　　　　博士（工学）
2004年　東京大学研究員
2006年　東京大学助手（2007年より助教に名
　　　　称変更）
2009年　東京大学准教授
　　　　現在に至る

花木 伸行（はなき　のぶゆき）
1997年　筑波大学第三学群国際関係学類卒業
1999年　米国 コロンビア大学大学院経済学博士
　　　　前期課程修了
2003年　米国 コロンビア大学大学院経済学博士
　　　　後期課程修了，
　　　　Ph.D. (Economics)
2003年　米国 コロンビア大学地球研究所研究
　　　　フェロー
2005年　筑波大学専任講師
2009年　仏国 地中海大学教授
2015年　仏国 ニース・ソフィアアンティポリス
　　　　大学教授
2019年　大阪大学教授
　　　　現在に至る

マルチエージェントのための行動科学：実験経済学からのアプローチ
Behavioral Sciences for Multi-Agent Simulation: An Approach
from Experimental Economics
© Nariaki Nishino, Nobuyuki Hanaki 2021

2021年4月12日　初版第1刷発行

|検印省略|

著　者　西　野　成　昭
　　　　花　木　伸　行
発 行 者　株式会社　コ ロ ナ 社
　　　　代 表 者　牛 来 真 也
印 刷 所　三 美 印 刷 株 式 会 社
製 本 所　有限会社　愛 千 製 本 所

112-0011　東京都文京区千石 4-46-10
発 行 所　株式会社　コ ロ ナ 社
CORONA PUBLISHING CO., LTD.
Tokyo Japan
振替 00140-8-14844・電話(03)3941-3131(代)
ホームページ https://www.coronasha.co.jp

ISBN 978-4-339-02816-4　C3355　Printed in Japan　　　（新井）